倾尽所能，静待花开

梁胤月 编著

南京出版传媒集团
南京出版社

图书在版编目（CIP）数据

倾尽所能，静待花开 / 梁胤月编著.—南京：南京出版社，2018.1

ISBN 978-7-5533-2038-0

Ⅰ. ①倾… Ⅱ. ①梁… Ⅲ. ①成功心理－通俗读物 Ⅳ. ①B848.4-49

中国版本图书馆CIP数据核字（2017）第292764号

书　　名：倾尽所能，静待花开

作　　者：梁胤月

出版发行：南京出版传媒集团

南 京 出 版 社

社　　址：南京市太平门街53号　　**邮　　编**：210016

网　　址：http://www.njcbs.cn　　**电子信箱**：njcbs1988@163.com

天猫1店：https://njcbcmjtts.tmall.com/　**天猫2店**：https://nanjingchubanshets.tmall.com/

联系电话：025-83283893、83283864（营销）025-83112257（编务）

出 版 人：朱同芳

出 品 人：卢海鸣

责任编辑：金　欣

装帧设计：段　瑶

责任印制：杨福彬

策　　划：日知图书（www.rzbook.com）

印　　刷：北京佳诚信缘彩印有限公司

开　　本：787毫米×1092毫米　1/32

印　　张：4

字　　数：100千字

版　　次：2018年1月第1版

印　　次：2018年1月第1次印刷

书　　号：ISBN 978-7-5533-2038-0

定　　价：16.80元

营销分类：励志

前言
Foreword

几年前，网上有句话特别火——“世界那么大，我想去看看。”瞬时间，微博、微信、QQ空间等社交平台全都掀起了追寻梦想的热潮。

人们开始大谈理想，埋藏在内心深处几乎要忘记的梦想又被记忆赶了出来。人生的确不只有眼前的苟且，还有诗和远方，这完全没错。世界那么大，我们都应该去看看，可是又有谁曾告诉过你——我们该怎么去呢？

在你的人生中，或许也曾出现过那么一两句话，它们一直鼓励着你勇敢前行。你感谢它们的出现，却又哀于自己无力践行。

我曾经听到有人说：“这世界上大多数曾让你为之震撼的励志话语，都是骗人的。因为它们从来没有给过你们任何一个方法论让你们去得以执行。”一开始我也觉得这种说法有道理，并且在那之后的很长一段时间里我再也没有看过青春励志小说。

某一年的暑假，有一天我侄子拿着他的作业本跑过来问我一道题目。

“红红的苹果到底像什么，叔叔你帮我想一下吧。”

我想了一下说：“红红的苹果像太阳啊。”说完之后我看到我侄子脸上略带犹疑的表情。

过了不多久，他便跑了过来，兴冲冲地对我说：“叔叔，我知道红红的苹果像什么了，红红的苹果像脸蛋！”

多好的一个答案啊，我立刻说道：“就填上你自己的答案。”在那一个瞬间，我好像突然顿悟了一样，他的答案既像是当头一棒，又像是上帝之光。我终于明白了为什么这世界上那么多的问题都没有答案，为什么那么多心灵鸡汤都从未给出哪怕一个可操作的方法。这全然是因为这世上的路都得由你自己去选择然后去行走。

怪不得那些终极的问题从来没有一个明确的答案。人生的终极意义是什么？没有任何一个人可以明确地告诉你。但请你不要悲观，反而正是因为我们不知道答案，才更应该乐观。因为不知道便预示着未知的存在，而“未知”就预示着有更多的“可能性”。这证明了我们并不会像俄狄浦斯王一样被命运诅咒，我们正掌控着自己的人生之路。

真实的生活可能是带着血和泪，真实的生活可能带有极大的痛感。可是人生要学会的不仅仅应该是品尝快乐，也要学会享受痛苦。那是真实应有的代价，那是追梦过程中一剂让你清醒的良药。风筝在天空中自由自在地飞翔，漂亮又美好，那一定是有人在地上卖力奔跑。

我曾经负重20千克，从白天走到黑夜，从日出走到日落。到后来我才明白，原来你曾经承受过的最大的苦难真的都会变成你最美好、最暖心的回忆。

愿好，伙计们！

目录
Contents

Part 01

哪有什么太迟了，这世上多的是大器晚成的人

其实成功是个积累的过程，当你积累到有足够成功的条件时，那么你也就离成功不远了。年少得志的人固然不在少数，但也有很多事例告诉我们，年轻时的不得志与挫折、磨难，并不会影响坚持者的大器晚成。

01 ▸▸

成功常常曲折，你又何苦坚持直行

人生不可能一帆风顺，在通往成功的道路上，遇到困难、失败是无法避免的，然而在困难面前，我们想到的不应该只是倒霉，应为承受不起失意就迎不来成功。

从小我们就听到过这样的教育，做任何事都要坚持不懈。可是我们从来没有弄明白过坚持的真正含义，而且有时候很容易就把它和固执这个词混淆了。其实坚持并不是不知道变通地一条道走到黑，有时候我们也需要放宽眼界，适度的改变会让你的人生更加精确地朝理想前行。聪明的人总是聪明在变通这一点，他们懂得改变一以贯之的想法，然后自我突破，最后创造人生的辉煌。

鲁迅是我国现代伟大的文学家、思想家。他早年在日本仙台医学专科学校学习医学。

有一次，老师在给他们上课的时候放了一个片子，里面有一个被称为“俄国侦探”的中国人即将被手持大刀的日本士兵砍头示众。在那个时候，周围站了很多在一边围观的中国人，他们每一个人都是一副无动于衷的表情。看到这里鲁迅身边的一名日本同学说了一句话："看看他们那副事不关己的样子，中国肯定会灭亡的！"鲁迅听到这话时怒发冲冠，站起来严肃地看着那个日本人，然后他大步走出了教室，他的心里像被打翻了五味瓶一样。

一个被俘虏的中国同胞，一群麻木不仁的看客，他脑海中不停地闪现这个场景。于是鲁迅想到如果中国人的思想不觉悟，即使治好了他们的身体，又有什么用呢。他意识到，现在中国最需要的是改变人们的精神面貌。从此，他下定决心，弃医从文，用锋利的笔触唤醒中国老百姓的觉悟。

他的许多作品如《呐喊》《狂人日记》，都是向黑暗的旧社会发起挑战，唤醒了数以万计的中华儿女，他们与不合理的制度、黑暗的势力进行英勇斗争。直到生命的最后一刻，他仍夜以继日地写作。虽然他没有成为一个救死扶伤的医生，但是在他的一生中，他就像一个牧师，救赎受压迫者的灵魂。

人生有时候并不是只有一种方式通向你想要的未来，我们得在不忘初心的时候学会适度调整自己的步伐，这样才不至于穷途末路。

美国康内尔大学著名的威克教授曾经做过一个非常有意思的实验。他把一些蜜蜂和苍蝇同时放进一只平放的玻璃瓶里，使瓶底对着光亮处，瓶口对着暗处。结果，那些蜜蜂拼命地朝着光亮处挣扎，最终气力衰竭而死，而乱窜的苍蝇竟都溜

出了瓶口。这一实验告诉我们：在充满不确定性的环境中，有时我们需要的不是朝着既定方向执着，而是在随机应变中寻找出路；不是对规则的遵循，而是对规则的突破。我们不能否认执着对人生的推动作用，但也应看到，在一个经常变化的世界里，灵活机动的行动比有序的衰亡好得多。

刻舟求剑和守株待兔的故事都是因为不知变通而导致失败的，要生存，就要改变。人生的过程中，有太多复杂的事情需要我们去面对、去解决。当某条路行不通的时候，尝试走旁边的路，或者采用迂回前进的方式，最终也能达到目的。有时候转换一下思维，你就能体会到诗人陆游所说的那个意思——“山重水复疑无路，柳暗花明又一村”。

我们应该谨记历史的教训，让我们的思想适应客观形势的变化。事物是不断变化发展着的，我们不能墨守成规，要学会见机行事。

我们生活在现实世界里，每天都会经历各种各样的事情，这些事情或者是重复的，或者是你第一次遇到的，它们一起组成了生活中的经验事实。大多数的时候我们可以根据自己的经验去做一些预判、分析以及决策。但经验终归是经验，它不具有普适性，所以有时我们在生活中总会有这样的感受："怎么会这样？""不科学啊？"其实事情本来就是那样发生的。那些感叹，只不过是事实与我们的经验发生了冲突。意料之外，情理之中。

有一个关于黑天鹅的故事，17世纪之前的欧洲人认为所有的天鹅都是白色的，因为他们见到的所有的天鹅都是白色的。但是随着在澳大利亚第一只黑天鹅的发现，欧洲人所持有的不可动摇的信念彻底崩溃了。这就告诉我们，经验并不等于真理。然而我们人类总是过度地相信经验，而不知道一只黑天鹅的出现就足以颠覆它。所以不要试着去归纳一种绝对有效的办法去处理事情，这个世界上没有绝对有效的方法，就像是没有完美之物存在一样。

每一件事情，都有它的独特性，而这个独特性就需要我们不断地进行思考、改进。人类社会就是在不断改进中逐渐发展的，是一个螺旋上升的过程。作为个体，我们同样应该学会审时度势，在发展中不断地改变自己。

陆羽懂得变通，弃佛从文，终成大器；司马迁懂得变通，警枕励志，成为一代著名的史学家；陈平懂得变通，不计前嫌，最终封侯。英国著名科学家贝尔纳说：“构成我们学习最大障碍的是已知的东西，而不是未知的东西。”爱尔兰著名剧作家、诺贝尔奖获得者萧伯纳说：“明智的人使自己适应世界，而不明智的人只会坚持要世界适应自己。”人的一生之中，切勿为自己设限，你得明白路的旁边还有路，条条大路通罗马，成功固然需要我们锲而不舍的坚持，但是别忘了，成功也总是伴随着牺牲和改变。韩非子所说的“不期修古，不法常可”对治理国家的君主有用，对我们同样有深刻的启发意义。

智慧悟语

“改变”并不是指随意地切换人生目标，那是一种盲目的失序，“改变”是告诉我们遇事要学会多转几个弯，不要陷入自己的思维定式之中，因为一意孤行，一味地固执可能会酿成祸端。

坚持梦想就能看见光亮

生活在社会中，我们需要有一个让我们为之坚持不懈的梦想，这是我们生存得有价值、有意义的一个基本要求。

追逐梦想的路往往艰辛无比，但是我们不能轻言放弃。生活中的每一次失败和比赛中的每一次淘汰都是检验我们对理想是否坚持的试金石，有的人会因失败而灰心丧气、怨天尤人，有的人会因淘汰而降低要求，但这并不是每一个人的选择。

在同样的情况下，有的人会因失败而不断反省总结，有的人会因失败而不断挑战。怨天尤人、灰心丧气者从此一败涂地，在不断反省和总结中继续向前的人处变不惊，往往能够从容应对生活中的突袭，你属于哪一类人完全取决于你在遭遇到挫折时做出的选择。

我们每个人的体内都有一股强大的力量，这种力量一般不会被发现，一旦被激发出来，将会产生无限的可能。你若能充分恰当地运用好这股力量，你收获的将是无穷的财富，这股力量就是对梦想的坚持和执着。

曾经听过一个故事，故事发生在美国。主人公是一位穷困潦倒的年轻人。他出生在美国纽约市贫民区，在他出生的时候，由于母亲难产，医生只能用助产钳帮助他的母亲生产，同时造成了他左脸颊部分肌肉生下来便是瘫痪状态，同时左眼睑和左边嘴唇也严重下垂。

由于脸部肌肉瘫痪，他的肌肉不能像正常人一样发育，所以导致他从小口齿不清。他曾因长相和说话与常人不同而受到很多人的非议，但是这个青年从不觉得自卑，相反他还怀揣着一个常人看来是不切实际的梦想，那就是成为一个著名的电影明星。

一开始他的亲朋好友都无法理解他，因为他不仅外表不好看、口齿不清楚，而且身上所有的钱加起来都不够买一件像样的西装，这样的情况怎么可能有人愿意让他去拍电影！在旁人看来这可能是一个笑话，但是他却从未放弃过自己心中的梦想，并且他还为之付出了实际行动。

在那个时候，好莱坞有五百家公司，他用纸和笔把这五百家公司全部写下来。然后他制定好路线，准备带着自己的剧本去拜访这些公司。当他把这500家公司全部拜访完后，果不其然，没有一家公司愿意聘用他。

在这种状况下，常人可能都被现实击垮了，被连续拒绝500次，这不是常人所能够忍受的，但是他没有放弃。他从最后一家被拒绝的公司出来之后，反思了自己被拒绝的原因，他重新制订了一份拜访计划，再次从第一家公司开始，继续他追寻梦想的第二次拜访。但很不幸的是第二次拜访他又被从头到尾拒绝了一遍。

被500家公司全部拒绝了2次，这种事情是很多人无法接受的，如果是发生在别人身上，恐怕早就放弃了。然而这个青年他并没有选择放弃，他第二次从最后一家拒绝他的电影公司出来之后，又开始了他的第三轮拜访。

他再次从第一家开始拜访和自我推荐，但还是没有电影公司愿意接受他，可就算是这种时候他依旧选择继续坚持。于是，他又在不断反思不断总结中进行了第四轮、第五轮的拜访。

终于在最后一轮拜访中，当他拜访完第349家，准备再一次接收全盘失败的时候，第350家电影公司的老板愿意让他留下剧本先看一看。在等了很多天后，他终于被这家公司请去面谈。在商谈之后，公司老板决定投资开拍这部电影，并且请这位年轻人担任自己所写剧本中的男主角。

因为是自编自演的电影，而且是第一部，他付出了巨大的努力。电影播出后，引起了强烈的反响，这部电影就是《洛奇》。

这部影片也同样讲了一个励志的故事。影片描述的是一个生活在社会底层的小人物，他的生活波澜不惊，平淡无奇，长相也似乎显得有些木讷古板。

从表面上看，他没有什么值得我们学习借鉴的地方。但当

世界拳击冠军决定把他视为提高自己声誉的沙包时，他内心那股永不服输的精神才表露无遗。

艰苦的训练证实了一个男人在面对巨大压力和挑战时所应该体现的精神。与世界冠军对战的结果固然是失败，但那种精神却让他赢得了荣誉。

这个年轻人就是著名的影星、导演、制作人兼作家——西尔维斯特·史泰龙。

泰戈尔说："上天完全是为了坚强你的意志，才在道路上设下重重的障碍，因为只有冲破重重障碍，你才是最后取得胜利的人，否则你只能输给自己。"

在我们的一生中，只有经过地狱般的磨炼，才能炼出粉碎困难的力量；只有磨出血的手指，才能弹奏出世间的绝唱。

我们一生绝大部分时间都不可能是一帆风顺的，也许有倒霉的时候，也许有迷茫的时候，我们可能会被所有人都拒绝和放弃，我们可能会被所有人忽略和遗忘，但是请记住不要放弃和拒绝自己；不要忽略和遗忘自己；不要把自己变成自己曾经看不起的人，那是一种生活的倒退。

一个人如果把自己的梦想都丢弃不去捍卫了，那么他不仅永远体会不到那种愿意为之付出一切的热情，而且他也不会再有梦想了，有的东西就像生命一样，就算你只是放弃了一次，你也不会再有第二次机会。

智慧悟语

人这一辈子可能靠不住别人，但一定要把自己变成一个靠得住的人，我们不能依靠别人躲过生活中的劫难，但我们能够通过自己的坚持不懈冲破生活的层层障碍，实现自己的梦想。

路在脚下，情在心中

走得多了，阅历就多了；阅历多了，情感也就更丰富了。只要我们心中有情，路也就越来越好走了。

人一生总要走很多的路，也要走很远的路，别让同龄的人对你说“我吃过的盐都比你走过的路多”，这句话若是老者说出来，起码还有警示年轻人的作用，但若是从同龄人口中说出来，不免显示出了自己的匮乏。然而，何以防止出现这样尴尬的场面呢？答案就是：多走路，多经历，多体验。

这看似一个连锁的过程，以为只要开始做好了，后面的就自然而然地发展。但事实上并非如此，这其中的每一个环节都需要有无畏的勇气和坚强的毅力，若非如此，你可能只是在日复一日、年复一年地进行着四肢的机械运动，这不仅不会使你越来越年轻，反而会使你的身体机能退化得越来越快，最后在无意义中逐步走向死亡。

1988年阿里巴巴的创始人马云便是在这种无畏的勇气和坚

强的毅力下，带领着他寥寥几人的团队一路走到今天的。如今的淘宝、支付宝等软件几乎无人不晓、无人不用，但这几十年背后的心酸，这几十年背后的苦楚却是不为许多人所知道的。然而他们背后的辛酸苦楚才真正成就了现时的荣耀，正如冰心那首《成功的花》。

这首短小的现代诗写了人的三个时期，分别是少年、青年、成年。它告诉我们在现实生活中，人们往往只看到辉煌的结果，而忽视了辉煌结果后面所隐藏的艰险过程，好多人也只想得到辉煌的结果而不想付出艰辛的劳动。都说台上一分钟，台下十年功。我们不要只羡慕别人的成绩和荣誉，而应该多了解别人付出的努力。如果我们能注重过程，在自己的岗位上尽职尽责，做好分内的每一件事，就像成功的花在不同的阶段一样，少年时期就像嫩绿的芽儿茁壮成长，青年时期努力奋斗、无私奉献，才能在经历了努力与奋斗之后成就成年时期的明艳。《成功的花》用它的血雨、泪泉和明艳三个不同的时期生动形象地诠释了马云带着他的团队一起努力奋斗的过去和满载荣誉的今天。

1982年马云第一次参加高考不幸落榜，后来与弟弟一起去应聘服务生，结果弟弟被录用，而自己却被拒之门外。刚经历高考落榜的打击，又面临着失业的危机，得不到支持的马云充满了挫败感。但所幸他并没有停止前进的脚步，接下来他又两度再战高考，最终被杭州师范学院录取。品学兼优的他毕业后顺利成了一名英语老师，但是马云并不满足于目前的职业，因为他觉得自己还有更大的开发空间，于是他把眼光锁定在了互联网行业，并开始寻找创业的机会。

1995年4月，马云带着他借来的两万元创业基金和仅有的三个员工（其中一人是他的夫人）成立了中国第一家互联网商业公司——杭州海博电脑有限公司。三个人的公司不大，但是对于资金匮乏的马云来说却是举步维艰，有时连吃饭都成为问题，更不用说工资待遇了，当时他和团队窝在小小的出租屋里可能都不敢想象有一天会有自己的公司大楼。眼前的苟且并没有打败心中有梦的人，怀揣着的梦想就是他们心中的诗和远方，他们心中对创业的情感、对自己行业的热爱就像一团永不会熄灭的烈火，也把这份创业的热情注入了世界的各个角落，影响了许多追求创业的人，许多人不再苦苦追求一个铁饭碗，而是选择创业来实现自己的人生价值。

马云的成功不是一个人的成功，这一路走来他不曾忘记在苦难岁月里给予他帮助的人，他在一路前行、步步高升的时候，把这份情深深地记在心中并将这份温暖传递给更多的人，帮助更多的人。

他成功的事迹告诉我们：不仅要在事业上成功，还要在人格上成功，只具备事业而不具备人格的商人不是一个合格的商人，只具备事业影响而不具备人格影响的团队也不是一个好的团队，既具备事业影响又具备人格影响的企业团队，才能将成功的花朵越开越灿烂，越开越鲜艳。马云正是因为把脚下走过的路变成了心中拥有的情，把汗水变成了浇灌花朵的甘露，把泪滴化作了滋润大地的雨水，把经历上升为体验，把情感牢记心中，才使一路上追随他的人越来越多，团队越来越大。正因为如此，他才能在探索成功的路上找到自己的一席之地，象征成功的花越开越明艳。

或许你会说等我努力够了的时候我已经老了，或许你会说谁也无法预料明天的事情，何不潇洒地过完今天？但其实这些都是你为懒惰找的借口。年纪绝非生命的缺点，反而是你成熟稳重的助力；享乐不是洒脱，反而是你走向堕落的开始。如果一个人总是因为年龄而感到烦恼，如果一个人总是因为生活艰苦而自甘堕落，那上帝或许会在你通往成功的路上对你说一声抱歉，社会也会在你寻找温情的时候对你做出禁止通行的手势。我们要时刻记住，是自己给了自己活着的意义，为你浇灌成功之花朵的水源是你落下的汗滴。

智慧悟语

多走路，多经历，多体验，将你的人生体验化作心中真挚的情感，明确如何选择，知道如何坚持，懂得如何珍惜。不忘初心，方得始终，给自己一个无悔的人生。

你可以平凡，但请不要平庸

人可以平凡，但是不要碌碌无为。即使疲惫将你压垮，懒惰将你侵蚀，那也要为了梦想不懈奋斗。你所经历的风雪，有一天会幻化为璀璨的烟火，在属于你的天空中绽放出最美丽的色彩。

冬天是一个寒冷的季节，这个季节里的人极容易变得懒惰，这个季节里许多人总喜欢围在热烘烘的火炉边，这个季节里许多人总喜欢蜷缩在温暖的被窝里，你是这许多人之一吗？

其实冬天除了寒冷，也还有其他许多特征，例如，冬天有很美的雪景等待着人们去欣赏，冬天有很多的故事等待着人们去发现。

或许你身处一个满城风雪、极度严寒的地方，但那里或许也是一座烟火璀璨的城市，别让外界的因素成为你懒惰的借口，别让外界的滋扰阻碍了你探寻梦想的脚步，错过璀璨的烟火，你看到的就只剩下严寒。

有一篇文言文叫《送东阳马生序》，讲的是宋濂苦学的故事。

宋濂年幼时就非常热爱学习，但由于家境贫寒，他没有足够的金钱买书看，所以他只能向家中藏有大量图书的人家借书，每次借到书之后他都害怕把别人的书弄坏或者弄脏，所以他每次都会先抄录一遍，然后再按约定的时间把书还回去，这样既有利于保护好别人借给他的图书，同时也使自己拥有了一份得以长期保存的书籍。

宋濂这种苦学的精神从未被人性的懒惰打败过，在天气严寒的时候，砚池中的墨水都冻成冰，手指冻得不能屈伸，宋濂仍不会选择围在火炉旁或蜷缩在被窝里，他的读书精神未曾懈怠过。

因此，在这样严寒的环境下，宋濂收获的不是遗憾，而是人生的智慧，这是奠定他人生理想的重要基石。

成年的宋濂越来越爱读书，似乎乡里能借到的书已不再能满足他对知识的渴求，于是他决定出门求学。他背着书箱行走于深山大谷之中，当时正是寒冬，一路上寒风凛冽，无情地吹着他裸露的肌肤，大雪深达几尺，漠然地埋没了他走过的足迹。

尽管环境非常恶劣，但都不能阻碍其前行，脚下走过的路虽然被大雪覆盖，但那些印记永远不会在心里抹去，他就这样用自己坚强的意志与自然抗争，脚和皮肤被冻裂了他自己也没有意识到。

最后他终于到了求学的地方，此时的他已是四肢僵硬得不能动弹，是学舍的仆人给他灌下热水、盖上被子后他才渐渐暖和过来。

还有一次，也是在冬天，宋濂为求学与一位著名学者约定好见面日期，可惜天公不作美，就在他出发的那天，下起了鹅毛大雪，当宋濂挑起行李准备出门的时候，他母亲惊讶地问他："这样的天气怎能出门啊？再说，老师那里早已大雪封山了，你这件破棉袄也抵御不住山间的寒冷啊。"

宋濂并没有被艰难吓倒，也没有被恶劣的环境所吓倒，他坚持自己的原则，毅然地告诉母亲："如果今天不出门就会误了拜师的日子，也就是失约，失约就是对老师的不尊重啊，所以再大的风雪，我都得上路。"当宋濂到达老师家里的时候，老师由衷地赞赏他道："年轻人，守信好学，将来必有出息！"这一路上，他收获的不仅有学识，还有人与人之间的信任。

成功总是青睐于有准备的人，宋濂一路的心酸最后都成为璀璨的烟火，绽放在那片属于他的天空中。

旧时借书读、饿肚子、穿破衣服的经历都没有将他压垮，由于这些经历，他有着比别人更坚强的意志，最后他置身君侧，身受恩宠与荣耀，追随在公卿之后，每天陪侍着皇上，成为明初著名的政治家、文学家、思想家、史学家，成为有名望的人，所以他说："四海亦谬称其氏名。"

成功之后的宋濂并没有堕入贪图享乐的旋涡，而是更加刻苦地读书学习，并将他读书的经验告诉后辈以勉励他们。他除了让自己更优秀外，也把希望带给了新一代的年轻人。

正如博恩·崔西所说："他觉得一生中最幸运的时刻就是在年轻时克服了自己的惰性。"

宋濂就是用他坚强的意志打败了自身存在的懒惰，使他在苦学的路上坚持到底，他收获了知识，收获了成功，还收获了人与人之间的信任。在苦学的路上，他看见的是希望，而不是平庸，这份希望就是他这一路上最美的风景，也是他在人生最窘困的时候看到的最美丽的烟火。

人生有很多的路，不一样的路就会有不一样的收获。在旅途的过程中，有的人可以收获最美的风景，而有的人却可能一无所获；在修行的道路上有的人可以收获最高的境界，而有的人却可能一辈子平凡、平庸。

收获美丽风景的人、达到最高境界的人，他们一定都是最勤奋的人；一无所获、平平庸庸的人可能不是最懒惰的人，但是他们的意志肯定没有超越人性的懒惰。

有句歌词说得好：“每个人，都拥有一个梦，平凡却不平庸。”平静的湖面只有呆板的倒映，奔腾的激流才有美丽的浪花！希望不是靠别人的施舍，而是靠自己辛勤的创造，在这创造希望的途中，你要不断挑战自己，战胜自己。当你的懒惰战胜你的意志时，就说明你缺少梦想。

你可以平凡，但请不要平庸。只有当你的意志战胜了你的懒惰，你才能感受到陆游所说的“宝剑锋从磨砺出，梅花香自苦寒来”，西塞罗所说的“困难越大，荣耀也就越大”，莎士比亚所说的“患难可以检验出一个人的品格，非常的境遇方可以显示出非常的气节”。

智慧悟语

为了你怀揣的理想，去克服懒惰吧，去经历你人生的风雪，去收获你人生的美景，去感悟你人生的境界。最后，在经历满城风雪后，带着你的收获看一场人间最美的、最灿烂的烟火。

是风，是雨，是人生

有的人说人生是场旅行，有的人说人生是场修行，无论你本着旅行还是修行的态度看待人生，你都将面临这一路上的风风雨雨。这一路上或乌云漫天，或荆棘密布，你只有冲破重重突围，超越种种困难，才能到达旅途的终点，修行的顶端，而这期间你所经历的风、你所经历的雨，都是组成你人生的一部分。

有人曾说过：“一个人发展得越好，那么他犯过的错误就越多，一些过中年还没有取得成绩的人，基本上没犯过什么错误。”他们看似没有失去什么，却失去了从错误中成长的机会，辜负了自己可能的成就，从而让自己变得平庸，所以不要辜负了我们的过去。

曾经一位经历过两次婚姻的妇女对我说，人活一辈子，每个阶段都有每个阶段不同的看法，二十岁时看不到三十岁的事情，三十岁时无法拥有四十岁的态度，四十岁的抱怨无法变幻为五十岁的洒脱，这态度与孔夫子“三十而立，四十而不惑，五十而知天命，六十而耳顺，七十而从心所欲，不逾矩”的看法如出一辙。但在只有四十岁的年龄的时候无法估测到五十岁以后的人生态度，所以她目前也只是看到人到中年的心路历程，而无法用五十而不惑的态度来看待目前的生活，更不用说六十或者七十岁的态度了，因为还未曾经历。孔夫子在说这番话时已经历人生的各种风风雨雨，若是在二十岁时他也无法说出这样具有哲理性的话语吧。这便足以说明你的人生源于你经验的积累，所以不要轻易忘却你曾经走过的路，不要忽略你所经历过的一切事情，因为这些东西都将是你日后回忆过往和回味人生的具体根据。没有经历，就没有发言的权利，更没有享受的待遇。

这位妇女是一位长久经商的人，没有多少书本上的文化知识，但社会经验却很丰富，是一位非常有修养的女人，她对人生的看法源于对人生百态的体验，也源于她对自己生存历史的积淀。十几岁时因家庭变故她被迫辍学进入社会，在这里每一个人都要学会的第一件事就是独立，因此她十几岁就开始独自一人在外生活，这是一次挫折，也是一次体验，从此她学会了独立生存。后来她嫁为人妇，开始在离故土千里之外的地方经商，这一次经商的选择也奠定了她日后从事商业活动的基础，但从事于商业活动并不是一帆风顺的。

刚开始他们是从一个没有配件的修理厂开始的，她负责结算，她丈夫负责修车，生活很艰苦，这时的她曾想过若不是因家庭变故，现在自己应该在上大学，但是她并没有埋怨家庭的变故与人生道路上的挫折，她总用过去所经历的不幸来时刻提醒自己要好好经营现在的生活，这样生活才不会只有抱怨，这样才有了继续生存的价值。这是她在经历第一次人生变故后选择的生活态度，后来她又经历了第二次人生的重大变故——婚姻变故。这时她已三十多岁，一开始她也曾因此郁郁寡欢，心中充满怨恨，不接受现实的她只能在伤心失望中不断折磨自己。但经过一段时间的调整，她还是选择了继续过好当下的生活，不去怨恨她的丈夫和她不幸的命运。她之所以会走出阴霾开始新的生活，得益于她对人生的态度，她对自己说："无论风雨，都是人生，都应该坚持，不能在生活还没放弃自己的时候就选择自暴自弃，这是对生命的不负责。"

很多人或许都经历过这种迷失自我的时候，他们都曾挣扎过、痛苦过，但并不是每个人最后都能乐观地走出阴霾，带着微笑回首过去的一切。在痛苦中选择放弃的人是对自己人生的放弃，是对自己生存的不负责，只有在痛苦过后仍能继续坚持心中梦想的人，才能感受到风雨中的价值与意义。

人生就像她说的那样，你经历不同的事情后就会有不同的看法，而这些经历都是由你人生中的每一个阶段组成的。现在她已经四十岁了，比起三十岁的时候多了一些稳重，她经常会回忆过去自己所经历的一切，正是因为经历了过去那些喜怒哀乐，尝过了生活的辛酸苦辣，才让她觉得今天的存在是有意义的。所以无论什么时候，不要埋怨你的过去和你身边的一切，因为如此种种都将成为你日后无法用金钱来衡量的一笔巨大财富。当我们不去埋怨生活中所经历的种种时，当我们选择用心去感受生活时，我们就有更多的经历去创造一个更加真实、更加幸福的生活。

如果一个人想要去寻找自己存在的价值，如果一个人想要去知道自己活着的意义，如果一个人想要去探寻自己未来的道路，不妨回忆一下你过去的经历，不妨回味一下那些年的风雨，你会从中体会到不一样的意义，而这意义或许正是伴你一路成长，是你一直在寻找的东西。用挑剔的眼睛看过去，过去没有什么价值，用傲慢的眼光看过去，过去只能是过去，只有安详坦然地接受所经历过的一切，你才会发现原来正是你的过去成就了你的今天。

智慧悟语

你对价值的寻找、你对意义的体味、你对成功的感受，其实都不是你想象的那么遥不可及，很多时候它们就在你的身边，就看你是否用心去感受了。所以，做风雨中的有心人，你才能收获你经历过的风雨，你才能收获一个用心感受过的人生。

希望之花，汗水灌溉

希望，是一朵被汗水浇灌而成长起来的花朵，它绽放得艳丽与否，取决于你浇灌的勤劳与否；而浇灌得勤劳与否，取决于你在人生道路上的努力与否。付出不一定有收获，但不付出一定没有收获。

如果你在人生的道路上选择懒惰，那伴随你的也将是一段无望的路程；如果你在人生的道路上做一个辛勤的劳动者，那你将为自己的人生道路点亮一盏希望的灯火。正如有人曾说的那样：这个世界上唯一可以证明的因果关系就是，你付出多少努力就会有多少收获。

一个刚毕业的女大学生，来我们公司参加面试。面试有三个问题，分别是：你昨天干了什么？你今天在干什么？你明天将要干什么？

这是三个看似简单的问题，内部却包含着非常重要的信息，看看你的过去是否有价值、你的现在是否有意义、你的

将来是否有计划。面试是以聊天的方式进行的，在和她的聊天过程中，我发现她是一个与众不同的女孩儿。

当我问她昨天干什么的时候，她回答说：“我昨天再次深刻了解了一下关于公司的介绍和相关职位的职能，然后总结了过去一段时间为今天付出的努力，同时，还准备了一下今天要做的事情。”

从她回答第一句话的时候我就对她产生了一定的兴趣，希望能继续和她聊下去，因为她让我觉得她是一个非常有条理的女孩子。

于是我又问：“你今天干了什么？”她听了这个问题似乎也感觉更放松了一点，不再像回答第一个问题那么拘谨了，她笑着说：“今天来公司面试前，我看了一下新闻，给家人做好了早点，然后坐车过来参加面试。”说到这里，她停顿了一下说："此刻，我正在为我所喜爱的职业努力，希望我能通过此次面试总结出自己的优缺点，这样我便可以做一个更优秀的人。"

谈到这里，我对她的兴趣又浓厚了一点，首先，我认为她是一个很诚实的人，很真诚地向我描述了她今天到目前为止的行程，也很诚恳地告诉我她接下来要做的事情。

于是我又问出最后一个问题："你明天将要干什么？"她信心坚定地说出了将来在自己工作岗位上的计划。可以看得出她是一个非常有能力，也非常有毅力的人，于是我决定录用她。

被录用以后，我与她有了更多的机会交流，我发现她在工作中表现出的能力让我吃惊，于是我开始想要去了解她。我在了解的过程中发现，原来一个人在某一方面的能力不是一朝一夕之间就能成就的，别人之所以有成功的今天，是因为有着更努力的昨天。

她家境不是很好，本来高中上完家里人就不想让她继续读大学了，为了给家里减轻负担，父母想让她早点工作，但是她凭着全县第一名的高考成绩被一所知名大学录取，父母也不好反对，但是明确地告诉她家里没有支撑她读大学的经济条件，如果她坚持要读书的话就必须自己想办法解决上大学的所有费用。

从那一天起，她就开始了她人生的另一种体验——挣钱。她上大学的所有学费都是靠自己假期出去打工攒下来的，无论干的活多苦多累，她都会坚持到最后，因为大学是她心中的梦想，她一直告诉自己：人不能因为当下的贫穷就放弃自己对未来的坚持，不能因为心中的怯懦就放弃了自己对天空的渴望。

每当别人在假期到处旅游的时候，每当别人在炫耀美食的时候，她都只是穿着简朴的工作服在工厂里劳动，或者拿着课本在工厂的宿舍里寻求精神的食粮。

然而这还只是在假期的时候，假期付出的劳动基本上只能解决她的学杂费用，不能支撑平时在学校的生活费用。所以，平时在学校她也并没有闲着，她得在坚持梦想的前提下为自己的生活谋出路，她必须兼职。

兼职很广泛，有可能是发传单，有可能是一些户外礼仪，还有许多其他的，她对这些都很熟悉，因为这些是让她继续前进的生活食粮，所以她都做过。在这样一种情况下，她还必须安排好自己的学习，她经常以年级第一的名次拿到奖学金和其他的一些补助金。

在这样困窘的生活环境下，她用汗水铺出了她的大学之路。大学四年，她比别人吃得少，睡得少，但是她比任何人都收获得多，她就是这样一个让岁月来见证她成长的人。

大学期间班上许多人都觉得她傻，只知道挣钱和读书，一点也不懂得享受生活，但是她没有被生活的虚荣冲昏头脑，她始终知道“自己不努力，没人能帮你”的真理，所以尽管得不到周围人的理解，但是她为了心中的理想也未曾选择过放弃，因为那是她心中的希望，是她心中的灯火，是伴随她成长到今天的力量。

有人说这个世界是不公平的，因为有的人从生下来就是含着金钥匙长大的，而有的人生下来可能就要艰苦地存活。固然我们不能选择出身，但是在我们出生的那一刻，上帝也给了我们同样思考问题的头脑和完好的手脚。不管是王孙贵族还是贫下中农，任何一个人这辈子都不可能完全依靠别人，至于父母我们也不能永久地依附于他们。

我们一生中会经历各种各样的磨难，这种艰难的时刻别人也许能够帮你度过一次，但是如果长期如此，那么我们和一个只会用哭叫喊闹表达自己情绪的小孩子有什么区别？我们总要长大的，这种长大就意味着职责，对自己负责，对家人负责，怨天尤人终究解决不了问题。

智慧悟语

追求人生理想的道路上我们会碰到很多意想不到的困难，放弃就意味着还没开始就已经失败了。你得明白最美丽的花朵，永远是开在严寒的冬季。

最后百分之一就在前面

如果把人生看作一次百分之百的手机充电，那有的人永远也无法看到“充电完成”这几个字，因为途中总会有许多事情使他无法抵抗，即使你已经充了百分之九十九，但在最后百分之一的时候你选择了放弃，这也是失败。

人生不如意之事十有八九，这算是一句家喻户晓的老话了，通常人们都会在遇到困难或者挫折的时候用这句话宽慰自己。有的人因为受到了这句话的宽慰冲破重围，奋勇向前；有的人却因为听了这句话，将眼前的苟且当作人生中的理所当然而止步不前，你属于哪一种呢？其实这话的本意并不是让你在遇到困难的时候止步不前，而是要让我们知道困难与挫折是人生中常有的事情，我们应该以平常心来对待它、超越它。

很多时候，最后的百分之一就在前面，就看你有没有坚持到最后。古希腊著名哲学家苏格拉底曾说过一句话：“许多赛跑者失败，都是失败在最后几步。”英国文艺复兴时期著名散文家、哲学家培根也说过：“奇迹多是在厄运中出现的。”胜利的终点就在前方等待着你，能否克服困难，超越自己，到达成功的彼岸？

以前在网上看到过这样一幅连环画，图画内容包括一个中年男人、一堵用砖块砌成的墙、一条清澈见底的河流和一把破旧的锄头。图画的布局很有意思，中年男人手里拿着破旧的锄头在画面的最左边，清澈见底的河流安排在图画的最右边，在人与河流的中间，隔着的是那一堵高大而厚实的围墙，而中年男子正在用锄头从左往右的凿开围墙以取得这用生命换来的源泉，连环画就表现了男子凿墙取水的整个过程，画面虽简单，寓意却很深刻。图中的人在凿开墙的百分之三十的时候已开始满头大汗，但他觉得这只是刚开始，不能就这么放弃了，于是他擦擦脸上的汗水，在心里默默地对自己说：“不要放弃，水源就在前方。”

俗话说万事开头难，在开始碰到挫折就选择坚持的人往往在最后也会选择坚持，但这句话也不是一个肯定句。冲破了开头的难关，这时男人已经开凿到了百分之五十的地方了，也就是说他已经成功了一半，但他并不知道自己已经成功了一半，只知道自己工作了很久，付出了很多努力，这时他可能已经有点体力不支了，他选择休息一会儿恢复体力，并在休息的同时对自己说："我已经努力这么久了，说不定水源就在前方，我一定不能放弃。"

于是在体力稍有恢复之后，他又拿起工具继续凿墙取水，当他凿到百分之九十九的时候，他在心里想："我凿了这么久都没有看到水源，这个地方是不是没有水源呢？如果没有水源，那么我之前所付出的努力都白费了。既然是白费力气，那我为什么还要继续呢？"在这一番挣扎之后他扛起锄头往来时的路走去，踏在淌满汗水的路上往回走时，他的心中充满了失落感。

是啊，他放弃了最后那到达成功的百分之一，而带着失望的心情选择了往回走，这一路上怎能开心呢？他放弃的不只是为之一路努力的水源，同时他也放弃了伴他一路前行的希望，他用最后百分之一的遗憾磨灭了自己之前所创造的百分之九十九的希望，把这一路吃的苦都变成了白费力气的机械运动，毫无意义可言。

前方没有了希望，后方又充满了失望，走在这样一条既无希望又充满失望的路上，他怎么能不感到遗憾和痛苦呢？这幅图画当时在网上被疯狂转载，因为太符合生活中的我们了，我们大多数人总是因为遇到一点困难就选择放弃和退缩，因此一直过着平淡无奇的生活，不犯什么大的过错，也没有什么大的收获。之所以被这么多人点击和转载大概就是因为我们想要借这幅画来时刻提醒自己以及身边的人：不要轻易言弃，最后的百分之一就在前面，别把你之前的付出与努力都变成白费力气。

这幅连环画让我想起了小时候听过的一个关于两个精神病的笑话。一个精神病医院里住着许多病人。有一天，精神病甲对精神病乙说："我们逃跑吧，这里的生活实在是太无趣了，外面的世界一定很精彩。"在甲的怂恿下，乙也开始向往外面的世界了，于是他对甲说："好！那我们今晚就出发吧。"

在夜深人静的时候两个精神病人开始了他们的出逃活动。这个医院外面有一百堵围墙，当他们翻过第十堵墙的时候，甲高兴地对乙说："我们太厉害了，这么快就翻了十堵墙。"乙被甲的自信感染着也说："按照我们这样的速度，过不了多久我们就能到外面的世界去了。"

一路上两人有说有笑，甲甚至兴奋地忘记数自己翻了多少墙了，于是他问乙："我们翻了多少堵墙啦？"乙擦擦汗说："我们已经翻了五十堵墙了。"甲心想：既然已经走了一半，那就绝不能放弃，一定要到外面的世界去看看。于是他们又接着翻墙，当他们翻到第九十九堵墙的时候，两个精神病都已经筋疲力尽了，乙问甲："你累吗？"甲说："有点累了，你呢？"乙也表示自己累了，于是两个精神病异口同声地说道："既然累了我们回去睡觉吧！"然后两人就开始往回走，准备在天亮之前回到医院去睡上一觉。

小时候听这个笑话的时候只觉得好笑，长大后再想起这个笑话时，更多地觉得是讽刺。明明知道最后的百分之一就在前方，却因为无法战胜自己而在百分之九十九的时候选择了放弃，我们不能责怪他们，因为他们是精神病患者。但可悲的是，生活中很多正常人也有着和他们一样的行为，他们不是精神病，却活生生地把自己变成了一个精神病该有的样子。

我们都是正常的人，但愿我们都能战胜自我，克服困难，冲破百分之九十九后直奔最后的百分之一。当你完成了那个煎熬痛苦的过程后，当你站在世界的顶端之后，所有你经历过的疼痛与挣扎都会变成一种快乐的体验，他们就像甘露伴随在你的成功之中，你无须品味，也能感到幸福与快乐。所以如果有一天你觉得累了苦了坚持不下去了，请不要灰心。生活不会欺骗你，无论路途多艰辛，你都要告诉自己前方就是最后的百分之一。

智慧悟语

只有在痛苦中坚持不放弃，只有在挣扎时坚决不妥协，才能对得起所有的付出，才能对得起曾经所受过的苦，此时的人生也会因此而有价值可循。

Part 02

不必活在别人的期待里

活在别人期待里的人，不过是假装合群，取悦他人，只会迷失自己，而我们终其一生,就是为了摆脱他人的期待，活出真实的自己。

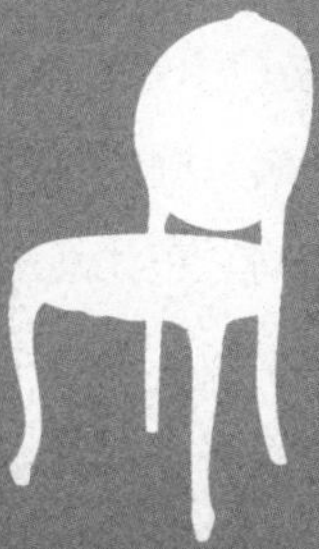

02▸▸

别人永远只是建议者

没有任何一个人可以和我们具有同样的生长环境、家庭背景和社会关系。正因为这样，别人经验性的总结，即他们引以为傲的生活准则可能并不那么适合你。这也不是说我们不用顾虑别人的任何想法而一意孤行，适当的参考有时候也能作为我们人生路上的一种帮助。

在我们面前有一个永恒的真理：因为我们是个体性的人，我们理所当然地会具有自身的局限性，所以我们的想法不可能全部是正确的。而别人也不可能全部错误。我们每个人都有各自的是非判断标准，这是我们评判这个世界的理念。除了大是大非我们所有人都遵循一套共同的标准外，其实大多数时候我们大可不必和别人那么相同。正如战国末期著名的思想家、文学家、政治家荀子在《劝学篇》一文中所讲：“假舆马者，非利足也，而致千里。假舟楫者，非能水也，而绝江河。君子生非异也，善假于物也。”我们在做任何一件事情的时候，既要有自己基本的原则和操守，也应该明白“它山之石，可以攻玉”的道理。而我们始终只要记住一点就好了，即别人永远只是建议者。

“兼听则明，偏信则暗”——从魏徵进谏太宗的话演变而来，意思是广泛地听取多方面的意见。魏徵是唐代著名的政治家、思想家，他主张君主应该取信于民，不能朝令夕改，因为这种做法会让百姓无所适从。

唐朝一开始拟定的是只有18岁以上的男子才能参加征兵服役。可是有一次，为了大量征兵以加强巩固边境的力度，唐太宗下令要求凡是16岁以上的男子全部应征，魏徵听后坚决不同意。

他对唐太宗说：“涸泽而渔，焚林而猎，是杀鸡取卵的做法。兵不在多而在精，何必为了充数把不够年龄的人也弄来呢？况且这也是失信于民。”于是唐太宗问自己是否有失信于民的做法，魏徵一口气举了三个这样的例子。

太宗虽然觉得魏徵的言辞稍有尖刻，甚至有的难听刺耳，但他的心里面却是很高兴的，并且认为魏徵这是忠于朝廷的表现，是以精诚之心辅佐自己以信义治国。于是他便立即下令停止执行征召中男入伍。同时奖赏魏徵金瓮一口，以表示对魏徵的赞赏。

唐太宗作为一国之君把唐朝治理得风调雨顺、国泰民安，不仅仅是因为他有雄韬伟略，更是因为他能够让文武百官广言进谏，善于听取别人的意见而又不失公正。

记得小时候听说一个关于石油大亨的故事。一位石油大亨有一天到天堂去参加会议，当他走进会议室，发现座无虚席，为了给自己找个座位，他灵机一动，他对着那些坐着的人大喊了一声："地狱里发现石油了！"

就是这么一喊，天堂里的石油大亨们听了之后纷纷向地狱跑去，一会儿，天堂里就只剩下那位后来的石油大亨了。这时，他想大家怎么都跑了过去呢？莫非地狱里真的发现石油了？于是在这种心理作用下，他自己也向地狱跑去了。

这个故事让我想起另外一种说法，就是羊群是一个很散乱的组织，平时它们在一起就喜欢盲目地左冲右撞。这种时候如果其中有一头羊发现了一片肥沃的绿草地，并在那里吃到了新鲜的青草，后来的羊群就会一哄而上，争抢那里的青草，全然不顾旁边虎视眈眈的狼，或者看不到远处还有更好的青草。

这就告诉了我们如果一个人只会盲从于普通大众，不提升自己的判断力，那么他必然只能一辈子跟随着别人获取一些蝇头小利，永远取得不了大的成功。

有一只饥饿的狼出去寻找食物，从早上到下午找了大半天都没有什么收获。这时候它偶然经过一户人家，他听见屋子里面有小孩子的哭泣声，紧接着传来一位老太婆的声音："别哭啦，再不听话，就把你扔出去喂给狼吃。"狼听了之后，心中窃喜不已，于是便蹲在离那个房子不远的地方等起来。可是直到太阳落山了，它也没见老太婆把孩子扔出来。

到了晚上，因为一天的饥饿，狼已经等得没有耐心了，转到房前想伺机而入，这时候却又听到那个老太婆说："快睡吧，别怕，狼来了，咱们就把它杀死煮了吃。"狼听了这句话后，吓得一溜烟跑回狼窝。回去后同伴都问它有什么收获，它说："别提了，老太婆说话不算数，害得我白白饿了一整天，还好我跑得快，不然还要成为别人的盘中餐。"

这个故事听起来很滑稽，觉得这个狼太笨了，但真正讽刺的是，这种事情经常发生在我们生活之中。有时候当我们遇到拿不定的事情，总会去请教别人，这没有什么错，但是我们不能养成事事都请教别人的坏习惯。或许别人的信口开河，我们就信以为真。我们全然不知许多时候人家可能只是因为你问他，他就了了敷衍一下而已。

所以不要让别人的话改变了你的正常工作、生活。即使要问，那也只是参考意见，因为我们的生活还得自己过，我们得学会自己决策。

智慧悟语

在我们追求人生理想的道路上，一定要擦亮双眼，在仔细分析和认真观察的基础上，去学习别人的长处。只有这样你的人生之路才能走得更远。

自己的鞋最舒服

莎士比亚曾经说过：“换个角度，不模仿别人，就是做自己的主宰，人们可以支配自己的命运，若我们受制于人，那错不在命运，而在我们自己。”林语堂也曾经在书中有言：“有勇气做真正的自己，单独屹立，不要想做别人。”这都表明了一个人独立的重要性。

想起小时候，我们会有这样一种经历，大人不在家的时候，我们会去试着穿大人的鞋和衣服，会模仿大人的动作去做一些事情。我们乐在其中地做出一些大人平时的举动，演爸爸、演妈妈，我们自觉得那很有趣。这是由于孩童时期有模仿的天性。

当我们渐渐长大，自我意识慢慢增强，你会发现自己有了更多想要表达自我的愿望，这体现在我们的表现欲望大幅度提高，或是以某种稀奇古怪的方式吸引家人或老师的注意。这个阶段我们抛弃了以前那种纯粹模仿的行为，逐渐做出一些创造

性的举动。

这是符合人类发展规律的，也是利于人成长的。但是当我们过了这个阶段到另外一个阶段后，我们的圈子比以前大了，眼界比以前宽了，你会发现生活中有太多比自己优秀的人，于是我们又开始刻意去模仿别人的举动。可我们已经不是小孩子了，我们极有可能会因为模仿而丧失自己。

初高中生因为在衣食上的差别而沉迷于攀比，他们企图想和那些他们认为“优秀”的人看起来是一样的，但是丝毫没有考虑到自身的因素；大学生因为自己已经是成人而应该被认可的需要，使他们自己沉迷于那种各种各样混乱不堪的社交生活中；工作的人因为沉溺于生活质量的攀比而使自己沉迷于那种不顾手段的谋私行为中。这些在我们的生活中都看得见、听得到。

我们究竟怎么了，仅一点诱惑就把我们打动了，使我们忘乎所以，打破自己的底线。但是这种生活适合我们吗？穿别人的鞋到底能够走多远呢？

有一个故事讲的是，战国时期，一个燕国人听说赵国邯郸人走姿很漂亮，于是便千里迢迢地赶到邯郸学习邯郸人走路。可是他未得其能的时候，又忘记自己本来所常用的走姿，最后爬着回到了燕国。

唐朝著名诗人李白诗曰："丑女来效颦，还家惊四邻。寿陵失本步，笑杀邯郸人。"这是一首具有极高讽刺性的唐诗，诗歌的前四句以"丑女效颦""邯郸学步"两个典故讽刺一味地模仿别人，不仅学不到本事，反而丑上加丑，弄巧成拙，丢失本相的行为。

典故本身已含有嘲讽讥刺的意味，李白在诗句中运用时，强调"惊四邻""笑杀人"二语，漫画式地勾勒出一幅讽刺喜剧的场景，浓重渲染了创作上只知一味模仿所引出的可笑可鄙的后果，加重了批判讽刺的力量。所以借用到我们生活中也是一样的。

如果我们只知道一味地模仿别人，以别人的标准为自己的生活尺度，不知道自己想要的究竟是什么，那样我们终究会像那个燕国人一样迷失自我。模仿别人的成功模式可能会让成功更快一些，但形式上的模仿就是只知其一不知其二，没有深入实质，不知道别人真正成功在什么地方，结果只能是东施效颦。

丰子恺先生曾经有这样一个故事。有一回我在家画了一个人牵两只羊，画中那个人手中有两根绳子。后来有一位老先生看到了我的这幅画，他就告诉我说，绳子你只要画一根就好了，因为牵了一只羊，后面的羊都会陆续地跟来。

我突然觉得自己的阅历和经验太狭窄了，后来再有机会的时候我留心观察，果然看见了那种景象，牧民在前面牵了一只羊走，后面所有的羊都会跟着上去的。哪怕是牧民带着它们走向屠宰场。

再后来我看见鸭也是如此，赶鸭的人把上百只鸭赶到河里面，鸭子不需要用任何绳子把它们系住，群鸭自能互相追随，聚在一块。到了傍晚，要赶鸭群上岸的时候，那个赶鸭的人只要赶上一两只，其余的都会跟着上岸。

牧羊和赶鸭人就是利用这些动物的模仿性，达到自己的目的。然而在我们的生活中也不乏这样的盲目追随者、模仿者，他们不谈自己的原则，他们的生活甚至是没有任何主见地完全依附于别人。马克思把人分过三个阶段，其中的一个最低级的阶段就是原始社会，那个时候人们是完全依附于自然界的物质和他们所在的共同体的。但我们现在已经是社会主义社会了，经济的发展竟然是伴随着人类行为模式的倒退。所以为了挽回这种局面，我们每个人都一定要学会对事物有自己的看法和见解。充分学习科学知识，以强大的知识体系和见闻为自己的人生做更好的规划。

美国著名数学家、诺贝尔经济学奖获得者纳什，曾经在精神病院待过，可他发表的“博弈论”却被广泛用于生活各个领域。“建安七子”之一的阮籍，博览群书，辞藻富丽，放荡不羁，鄙弃礼法，他一生行事和思想都表现出明显的反抗压迫束缚、追求放任自由的叛逆精神。据说他常常独自驾着一辆马车在野外毫无目的地漫游，而每逢穷途末路时，他便痛哭一场，然后，掉头而归，第二天又这样漫游一回。

在西方国家有一种说法是成功人士大多为“偏执狂”。而我们也可以从另外一个角度解释这个事情，成功人士之所以会成功，也许正是因为他们有别于常人的思维方式，不会盲目追随别人，模仿别人。因为他们知道成功之路有很多条，但是自己的那条路得一步一步踏出来。

智慧悟语

探寻成功的过程，就像是在荆棘丛里面开条路出来，即使旁边有林荫小道，但那是别人走过的，它不一定那么适合你。当然这也并不是要我们去特立独行，做鸡群里面的那只鹤，而是说我们无论何时都应该保持生活的尺度，就像买鞋一样，别人的鞋不见得适合你的脚。

这辈子你干什么都可以

如果每个人都关上那面叫“别人”的镜子，认真跟自己的心对话，听听“我”的想法，问问自己究竟想要什么，然后努力去争取，就不会让人生写满于事无补的叹息。

从小我们都会被问这样的一个问题，许多人深受它的困扰。那就是总会有人问你：“你长大后想做什么呢？军人？科学家？人民教师还是公务员？”偶尔会有一个不一样的孩子大胆地站出来说：“我长大以后想当个厨师，因为我喜欢吃东西。”

这种时候我们看到的情况一般是这样的：一大帮大人会立马凑上去深刻教育他，给他上政治课，并且用语重心长的语气告诉他：“孩子啊，做人要有出息，有目标有理想，怎么能够做厨师呢？如果你真的做了厨师，你这一辈子就彻底完蛋了。”我们能听到的大概就是这个意思了。

可是我们可以看到大多数小孩子听了之后却一脸茫然，甚至是大人心里也会想着：哦，厨师是一个没有什么大出息而且不入流的职业。而又总会有那么一两个人想过厨师怎么了嘛，厨师也能做到很高级啊。这个世界上并不是所有的厨师都掂大勺啊，也不是所有的白领族都是西装革履正正经经的。厨师也可以很优雅很优秀的。就像我们现在所能够看到的那种五星级饭店，那里面的厨师究竟会比哪种职业差呢？

伊尹是商朝辅国宰相，商汤一代名厨，有“烹调之圣”美称，“伊尹汤液”为人传颂千年而不衰。在我国不少地方开席第一道菜要先上汤菜，可能就是沿于此。“古人之精通一事者，谓之圣。”因而伊尹便成为中国烹饪之圣。如今在香港、新加坡等地烹饪的同行也都奉伊尹为“厨圣”“烹调之圣”。所以有的时候，职业本身并没有问题、真正的问题是我们对某个职业的看法存在偏见。

人们往往根据自己的经验会产生固有的一套价值判断体系。但是往往这些判断就夹杂着思维定式，它局限着我们的想法和眼界。我们经常会看到这样一种现象：认为新疆朋友一定会唱歌跳舞烤肉串；湖北朋友一定去过武当山；四川朋友一定都吃辣；贵州朋友无论男女老少肯定是会喝酒的。

然而对于这些人的这种观念，生活就像是一记重重的耳光打在他们的脸上。这个世界上哪有那么多的一定？这种决定论式的腔调往往也是不堪一击。因为首先我作为一个湖北人就从来没去过武当山。所以你也不要试着去跟一个人谈他们家乡的风景名胜。第一，这不是足够引起他们的话题。第二，人一般都是喜欢从家乡往外看的，正所谓“外面的世界真精彩”。所以他们往往忽略自己的家乡。这么说的意思是，其实生活没有完全绝对的说法，你大可以想想如果只有一种类型的东西是好的，那么这个世界将会多么枯燥无聊。

20世纪英国伟大的哲学家、数学逻辑学家、历史学家罗素曾经在他的书中说过：“须知参差多态，乃是幸福的本源。”这个世界之所以有趣，就是因为不同的人在以不同的方式做自己的事情，如果每个人都用同一种眼光看这个世界，那么这个世界就太乏味了。正是因为生活中有那么多不一样的存在，我们的世界才会如此丰富多彩。

同样是一支筷子，我们不一定非得用它拿来吃饭，也许在某些时候它也是可以用来扎头发的。小的时候我们都很有想象力，慢慢地我们这种想象力就被我们的生活经验所局限，被我们的思维定式所削弱。

有一次我在教我家小孩子写作业，是一年级的语文。当时书本上有一道题目：“红红的苹果像什么？”家里的大人完全不知道该怎么比喻这个生活中常见的东西。后来小孩子自己想出来了并且对我们发问：“红红的苹果像脸蛋可以吗？”我们一群大人当时真的无地自容了。

后来我反复地在想为什么会这样，我反思了一下我们的想象力究竟出了什么问题。原因就在于学校和社会中框架性的东西太多了，这些东西往往构成了我们思考的惯性。我们大脑越来越像一台在以公式操作的机器，像输入了程序似的，机械地寻找答案的结果，丝毫没有过程性可言。比如说到A我们就会立马想到B，很少会有人会想到金字塔。

其实就像物尽其用一样，人只要发挥出自己本应该发挥的能力就好了。学唱歌的不一定要做歌手、音乐家，也许成为乐评人或者幕后说不定他能发挥出更大的作用。

比如说阿里音乐的董事高晓松，他是一个热爱音乐的人，自己也唱过歌，但是他深刻明白有的时候我们表达对一个东西的热爱，所使用的方式远不仅一种。后来他开始做音乐监制、导演，并且用自己的方式支持新的音乐人。在这种过程中，他并没有放弃自己的音乐梦想，而是变换了一种方式去爱它。而且在做幕后之后，他在音乐方面取得了比做歌手唱歌更大的成就。所以我们有时候要做的就是改变想法，人生不会像数学公式一样，简单直接地计算出结果。

智慧悟语

任何一个人都会走上自己的职业岗位，每一种职业都会有它的出彩之处。正所谓行行出状元就是这个道理。所以我们生活中其实干什么都可以，只要我们尽自己最大的努力，通过自己的付出就能在任何行业屹立不倒。

往森林深处走的人

欲望是人活着的根本，但过分地贪图欲望，只会物极必反。过多的欲望会变成一个黑洞，吸走你的快乐，卷走你的健康，让你在一片焦躁、烦闷当中，变得不堪重负。

“我步入丛林，因为我希望生活得有意义，我希望活得深刻，并汲取生命中所有的精华。然后从中学习，以免让我在生命终结时，却发现自己从来没有活过。”这是19世纪美国著名的作家、哲学家梭罗在他的成名作《瓦尔登湖》里面写到的一句话。《瓦尔登湖》讲述的是主人公梭罗抛弃现代社会的优越生活去森林中生活的故事。

一开始我并不是很理解，因为从世俗的眼光和评判标准来看，他这样做是有违常理的。按照通常的说法，我们人生的一切奋斗努力皆是因为我们想要过上一个更加幸福的生活。而他却在得到这一切后，抛弃了这种安逸的生活，我起初认为这是一种疯狂的表现，后来再下去的时候就渐渐明白了。他在这部作品中不断地指出，随着经济的飞速增长，虽然从一定程度上来讲我们的物质生活都得到了一定的保障，机械化生产逐渐取代人力，人类逐渐从生产实践中解放出来。但不可否认的是，我们大多数现代人仍然是被家庭、工作和各种各样的物质需求困扰着。于是在这种情况下，我们失去了精神的追求，过着物欲化的生活。

反观我们今天的生活，这样的情形依旧存在，并且有越发严重的趋势。

几年前曾经有一个小短片故事，讲述的就是这种物化了的生活世界。

影片《雇佣人生》是这样描写的：清晨七点一刻，闹钟大作，秃头的中年男人极不情愿地按掉闹铃，颇显疲惫地起身洗漱。他的房间非常诡异，所有物品都由真人担任：地灯的灯柱是一个穿衬衫打领带的男子，梳洗台的镜子由两只胳膊举着，餐桌和椅子是三个趴着的人，衣架也是“真人款”，一个女子，左手举着主人的包，右手托着主人的外套，腰上挂着雨伞，嘴巴含着钥匙……这些人全都面无表情，一动不动，毫无怨言，若非他们的眼睛偶尔会眨一下，观者甚至会以为他们是假人。

男人不紧不慢地洗漱、剃须、用餐，然后穿好衣服出门。他没跟家里那些人告别，在他眼中，那些人大概就是没有生命的物品吧。

镜头转到室外。大街上的情景跟家中一样诡异：满街跑的不是汽车，而是背着乘客大步迈行的“人力出租车”；指挥交

通的不是电子信号灯，而是穿着红色、绿色衣服的真人。

男人雇了一辆“人力出租车”去公司上班。片刻后，在一栋大厦门口下车，穿过由四个彪形大汉组成的保安门，走进由超级肥仔用体重控制的电梯，终于到了公司门口。

在这个神奇的世界，所有的工具都由真人扮演，他们兢兢业业，毫无怨言，使用他们的人也觉得这一切理所当然。

从起床到此刻，男人始终担任着雇佣者的角色。当他以一副光鲜的模样走进公司时，观者的好奇心被吊至最高：他会在公司做些什么？公司里也充满真人工具吗？

咚，咚，咚。存好衣帽后，男人踏着沉重的步伐向一间办公室走去，快到门前时停了下来，扯了扯领带，撇了撇嘴巴，又往前几步，停顿半晌后，终于在门前趴下。很快，有人走过来，在他身上踏了两脚，开门进了办公室。

原来本片的主人公也是被雇佣的人！至此，观看这部短片的人们才意识到，在这部短片中，没有任何一个人是所谓的特权阶级，相反，每个人都有两种身份：雇佣者与被雇佣者。大家一起以互相协作或利用的方式生活着。

这部仅有6分多钟的阿根廷短片，一上映就包揽了2009年度科多巴国际动画电影节评委会大奖、安纳西国际动画节电影节国际影评人费比西奖、利尔达拉美电影节最佳短片奖，至今已在全世界获得102个奖项。

该片以独特的视角解读了社会与人性的本质，既深刻又犀利，在全世界拥趸无数。这部无声的6分钟短片，之所以能够火爆全世界，就是因为它深刻揭示了我们这个物质化的世界，在这个世界里面，人类看似是这个世界的主宰，实则是我们都被异化了。

当然影片之中有他的夸张之处，但是我们不能否认，在当今快节奏的生活下，我们已经不是一个独立的人了，我们渐渐地倾向于不思考，慢慢地我们也没有了梦想，有的只是机械化、程序化的生存模式。我们每天准时到工作岗位，甚至还带着昨夜的酒气就又开始了新一天的循环。虽然我们可能并没有乐在其中，但是我们当中很少有人会想到这种处境对人的想象力、创造力是怎样一种消耗。慢慢地，我们成了某个领域的尖端人才，但是我们再也不会其他的事情了，我们就像一个具有独特功能的机器，日复一日毫无怨言地工作着。

看到这里，想必你可能也会理解梭罗为什么要选择去森林里生活。借鉴到我们自己身上，森林指的就是我们的梦想，通往森林的路就像通往梦想的路，它也许荆棘密布，也许野草丛生，你付出极大的努力才能找到正确的方向。如果不经一点努力就取得的东西那又叫什么梦想呢？

我想起了王小波曾经说过的一句话：如果我们一辈子奋斗的终极目标是为了生活得更快乐，那么为什么不现在就做自己想做的事情呢？这样不是更快乐了吗？这并不是要求我们要立马放弃自己现有的生活，而是说当我们在做人生选择的时候，你至少得考虑清楚究竟你是否喜欢这个行业。当你热爱一件事情的时候，你的每一天都会是热血沸腾的，而你的人生也将因此更加圆满。

智慧悟语

人生是一个大舞台，每个人在舞台上都能找到属于自己的位置，我们要做的就是坚定目标并走下去。目标坚定是性格中必要的力量源泉之一，也是成功的利器之一。没有它，天才也会在矛盾无定的迷径中徒劳无功。

最悲哀的事情，
就是一眼看到未来

人的一生中充满了各种各样的未知，它预示着我们的人生也充满了无限的可能性。没有人天生就要成为知识分子，也没有人天生就要成为贫下中农。一定是你所经历的一切造就了现在的你。

当我们一提到“公式”的时候，大脑里面便会立刻浮现出各式各样的数学、物理公式。这些公式只要我们背熟了，对我们应付考试有着至关重要的作用。我们可以发现很多数理化题目都是遵循公式而出的，只要记住了公式，那些题目也就迎刃而解了。

在漫长的一生中，我们会遇到许多不同层面的难题，或者生活上，或者学习上，或者人际交往上，我们需要做各种各样的选择。尤其在人生处于关键阶段的时候，我们更需要仔细地思考。但是人生没有公式可以遵循，任何一件事物都是变化发展着的，所以当我们遇到这种困难的时候，不可能会有一条现

成的“公式”出现搭救我们，更不要坐以待毙。我们只能尽自己的努力去解决它。在这个过程中，你并不知道你的前方要面对什么。未知有时候会让你有一些恐惧感，但正是未知的那种魅力才吸引着你慢慢向前。所以不要管路前方是什么，走便是了，一切都会自然而然，水到渠成。

在我们现代社会里，随着经济的不断增长，人类各方面都取得了长足的进展。尤其是科学的发展更加突飞猛进，但就是因为科学的发展导致人们在掌握一些自然规律的同时产生了一种需求或者幻想。那就是他们认为人生也应该像数理化那样有公式，有定理。我认为这是有一定坏处的误会。当然有人会说，人生当然是规律性的，因为所有人都要经历一个生老病死的过程，任何人都不可能逃避。但这只是生理学上的规律，我们在这里指的是人生的发展，它显然不可能是规律的。

在众多哲学思想中，有一个流派众人皆知，那就是决定论者组成的派系。他们认为，人的一切活动、现象世界发生的一切都是先前某种原因或几种原因导致的结果，我们的任何行为都是可以根据先前的条件、经历来做出一个预测的。他们认定假如人们了解所有涉及某种即将发生的事件的因素，那么他们就可以精确地预测到这一事件；或者相反，如果发生了某个事件，那么就可以认为，它的发生是不可避免的。这种学说认为宇宙中的任何事物或事件都是自然规律的结果，而这种自然规律是可以通过科学方法来揭示的。

我们可以明确地知道因果性是不具有必然性的，因为根据英国哲学家休谟的说法来看的话，因果关系只是我们人类根据自己的经验去建立的一个恒常的连接，即当我们总是看到B事件伴随着A事件出现的话，那么我们就会说A是B的原因，B是A的结果。他后来把这种因果关系解释为我们心理上的一种作用。而我们明显知道，这只是经验的结果，而经验显然是具有局限性的。经验得出的结果永远只是一个归纳性的东西，归纳的话就必然存在经验范围之外的情况。既然存在没有被经验到的事物，那就不应作为确定性的推理依据。

我们一生之中既有必然性又有偶然性，这个偶然性就是我们所要把握的。生老病死是一个必然性的结果，没有任何人能够控制，但是在这个必然性的过程中也同样有我们的自由。如果有一天街上有一个算命的人这样告诉你："你这辈子必然会发大财，必然会成为一个大老板。"请不要相信他，不相信他不是说未来你会一贫如洗。我知道人都喜欢听好话，但是你的未来不可能就被他的一句话给局限了。

智慧悟语

我们得明确一点，即人生是没有公式的。因为人与人不同，每个人都是独立的个体，没有任何一种普遍的公式能够指引我们各不相同的人生。

成为你自己

成为自己意味着一个人总是会按照自己既定的目标不断前行，任凭外界发生什么事情，始终会坚守自己的内心准则，不轻易地改变自己已有的生活状态、已信奉的价值观念，朝自己的理想坚定地走下去。

曾经有人问过我这个世界上最棒的事情是什么，我当时几乎毫不犹豫地回答说：“成为你自己。”许多人不明白我为什么这么讲，因为在他们看来，我们本来就是我们自己啊，何故我们还要努力地成为自己呢？可是，请你仔细思考一下，你真的成为你自己了吗？

我最喜欢的一部系列电影——《金刚狼》前段时间又上映了，想了蛮久终于又可以再见到狼叔了。看完电影后大家都说演了18年金刚狼的休·杰克曼终究还是要离开我们的视线了。那一刻我不知道为什么就突然想起在电影中他所说过的一句台词：“成为你自己想成为的，别成为他们所希望的。”

听到这句话我百感交集，不知道是在难过还是在感动，或者兼而有之。这十几年来，休·杰克曼一直为了金刚狼这个角色而苦练肌肉，从来没有一天间断过，好像他在生活中也活成了别人眼中的金刚狼。将角色带入生活，这是一个优秀的演员所应该做的事情，值得我们赞扬。可是为了这个角色，他又付出了多少、牺牲了多少呢？我们可想而知。所以在我们得知这个即将人到中年的休·杰克曼在演完这部就会退出的时候，我们固然有太多的不舍，但我们更多的是为他感到开心，因为许多年过去了，他终于可以卸下金刚狼这个角色给予他的重担，重新成为他自己了。

对于每个平凡人来讲，在我们漫长的一生中，可以说我们所做的每一件事情都是在追寻自我。很多人会觉得“我是谁”这个问题是一个哲学问题，我们普通人根本不需要思考这么高深的问题。但这的确是关系到我们一生的问题，我们每个人都逃脱不了。一旦我们开始思索，如何定义自我便成了我们大部分人都要进行的第一步思考。

对于绝大部分的人，尤其是青年人来说，我们在定义自我的时候，总是需要依附于我们所在的群体，在这个群体中有主流的社会价值观念。这些主流观念包括父母给我们的、亲戚朋友给我们的、上司给我们的等。比如说，小孩子一定从小就要抓起，要抓紧培养，不然就输在了起跑线，所以我们要想尽办法让小孩子去报各种各样的才艺培训班，让他们从小就学习很多技能，因为技多不压身，这对他们以后的发展是有好处的。

有危机感固然不是一件错误的事情，但是如果把这个危机感转化成一种盲目的竞争心理就会使得我们丢失自我。我们甚至已经习惯性地认为我们努力学习就是为了以后能够赚大钱，然后有一个好的前途；我们甚至已经习惯性地认为这个社会只需要在意物质世界的丰富，而完全可以忽视自我和个人的精神世界；我们甚至已经习惯性地认为我们就该是这个样子，我们不再思考自己究竟是谁。慢慢地，似乎我们生存在这个世界上是为了别人的眼光而在活，是为了成为他们所希望我们成为的那种人。

可是扪心自问，这真的是我们自己想要的生活吗？这是我们真正想要成为的自己吗？也许你从小到大都是那个成绩很差的孩子，但是突然有一天在和爸爸妈妈出去玩的时候，你竟然发现自己在摄影上颇有天赋，在这种时候，你为什么就不能发展发展自己这个长处呢？每个人都有自己擅长和不擅长的领域，与其在那个不喜欢、不擅长的领域里面摸爬滚打，不如现在就去做自己想去做、喜欢做的事情。有的事情为什么你做起来会事半功倍？那至少是得益于你选择对了做事的方向，于是你得

心应手，事情自然就会很快地完成。

人生不只有眼前的苟且，还有诗和远方。我想这里的“苟且”大概就是指生活里面的琐碎事情吧，我们的确不应该忽视这些事情，但是我们的眼界不应该只局限于此。而诗歌和远方代表的便是我们心中的理想，那将是需要我们花费更多时间去努力追寻的。梦想有时候比花更容易枯萎，所以一旦你有梦想，觉得一生总该为梦想、为自己做点什么时，请不要犹豫，请像个战士一样勇敢，因为这一次你将要为自己而战斗。

我曾经听到别人说过这样一些话：“我希望将来我的孩子能够自己决定要学什么、要做什么、要成为什么样的人，而不是按照我们给予他的标准去活一辈子。”那一时间，我想起了意大利幼儿教育学家蒙台梭利说的一个教育理念，即“我们真正要做的就是，让每个不同孩子自由地成为他们应该长成的样子”。

接下来他给我说了一个很形象的例子，如果小孩子是一颗白菜种子，那么他所要做的就是努力地生长成他所能长成的最好的白菜。一定要记住的是，不是要求他成为最好的那一棵，而是要成为对于他自己来说最好的那一棵。所以他需要做的是实现他自己就可以了。

可现实往往并不是如此，真实的情况是我们作为一个人，从一出生开始就必然会受到环境、文化以及各种各样的影响。慢慢地我们每个人甚至树立起来的目标都惊人的一致。为了达到那个目标，我们很多人远离家乡一辈子再也没有回去过，不知不觉中，我们逐渐牺牲了太多的东西。我们不再和亲人有那么多相聚的时间，不再和朋友深情地交流，有的只是对工作的抱怨以及无止境地追逐。

我不知道你们是否看过F1赛车比赛，里面有一个人物，他凭借着自己出色的车技和帅气的面容俘获了大量粉丝群体。他就是F1赛车里的偶像级人物“冰王子”莱科宁。可就是这个万众瞩目的人物，却在他人生最鼎盛的时期选择了离开F1赛场，转而去选择参加低一级别的轿车比赛。当车迷们得知消息的那一刻，他们失望万分。可是莱科宁自己却笑着说了句：“我为什么要按照你们认为的那样而活呢？”对啊，为什么我们要那么在意别人的眼光呢？一个人成为他最想成为的自己才是最重要的。

智慧悟语

倾听来自内心的召唤，你真正热烈渴望的究竟是什么。也许我们在追寻自我的路上会遇到很多艰难险阻，但是请在有限的可能性中，努力地为自己而活。不要那么在意别人的目光，因为做你自己是这个世界上最棒的事情。

楚门的世界

有时，我们通过别人才能认识真正的自己，而当我们走过很多路、认识过很多人之后，才恍然大悟，原来一路走来，是为了认识内心深处那个真正的自己，找到内心的路，这才是生命的价值。

1998年，美国上映了一部名为《楚门的世界》的电影，是由著名演员金·凯瑞领衔主演的。电影讲述的是30年前奥姆尼康电视制作公司收养了一名婴儿，他们刻意培养他使其成为全球最受欢迎的纪实性肥皂剧《楚门的世界》中的主人公，公司为此取得了巨大的成功。然而这一切却只有一人全然不知，他就是该剧的唯一主角——楚门。

楚门从小到大一直生活在一座叫桃源岛的小城（实际上是一座巨大的摄影棚），他是这座小城里一家保险公司的经纪人，楚门看上去似乎过着与常人完全相同的生活，但他却不知道生活中的每一秒钟都有上千部摄像机在对着他，每时每刻全

世界都在注视着他，更不知道身边包括妻子和朋友在内的所有人都是剧组的演员。虽然感觉到每个人似乎都很注意他，而且从小到大所做的每一件事都有着一些意想不到的戏剧性效果，但这位天性纯朴的小伙子都没有太在意这些。可节目的制作组由于一时的疏忽，竟让楚门小时候因他而“死”的“父亲”再次露面，“父亲”立即被工作人员带走，直到楚门悲痛万分开始怀疑后，他们又编织了一个完美的谎言让他们“父子”相见，从而达到他们满意的效果。

多年前一位既是《楚门的世界》的忠实观众又是该节目群众演员的年轻姑娘施维亚十分同情楚门，楚门对她一见钟情。她给了楚门一些善意的暗示，自己却被强行带离片场。回忆起施维亚的楚门开始重新认识自己的生活。渐渐地楚门发现他工作的公司每一个人都在他出现后才开始真正地工作，他家附近的路上每天都有相同的人和车在反复来往，更让他不敢相信的是，自称是医生并每天都去医院工作的妻子竟不是医生。楚门开始怀疑他所生活的这个世界，包括他妻子、朋友、父亲等所有的人都在骗他，一种发自内心的恐惧油然而生。

痛定思痛，他决定不惜一切代价逃出这个令他心生恐惧的小城，去寻找属于自己真正的生活和真正爱他的人。然而，楚门却低估了集制作人、导演和监制大权于一身的克里斯托弗的力量。克里斯托弗将一切都设计得近乎完美，近30年里他把楚门牢牢地控制在一个超现实世界之中。

几次逃脱都失败后，楚门决定从海上离开这座小城，然而他却绝望地发现他面前的大海和天空竟然也是这个巨大摄影棚的一部分，这时克里斯托弗在天上巨大的控制室里向楚门讲述了事情的来龙去脉，并告诉楚门他如今已经是世界上最受欢迎的明星，他今天所取得的一切成就是常人无法想象的，如果他愿留在海景就可继续明星生活，楚门不为所动，毅然走向远方的自由之路。

看完电影《楚门的世界》，我相信很多人都会和我有一样的感觉，我们是否也和楚门一样，是否我们周围的世界就是一个被别人搭建起来的一个巨大“摄影棚”。

作为一个成年人，我思索了我过去几十年的生活，我是不是一个像楚门一样的人物呢？在做了一番思考后，我开始觉得，其实对于我们来说，我们周围的环境又何尝不是因别人的选择而“搭建”起来的呢？

在我们小的时候，我们的父母会选择性地让我们去接触一些所谓的好孩子，对于那些调皮的孩子，家长则会要求我们不要接触。在学校也是一样的，我们身边的同学也大体上是根据学校的规定而被选择出来的。我们所有人都在这样的一个环境里面学习，大家并没有觉得有任何异样，更不会去怀疑些什么。

当我们在某个时刻开始回想的时候，从小时候开始，我们的活动范围、学习范围都已经被我们身边的人选择好了。从我们的家人，到学校的老师，直到工作后的老板。我们，从来没有逃脱过。

身边的一切东西和人物都是被导演设定的，而电影的主角却在这种环境中生活了30年而不自知。而我们何尝又不是楚门呢？值得庆幸的是，楚门最后走出了那个被设定的“囚笼”，而我们中的很多人，却一直在自己那个“世界”里面，从来没有为自己的梦想做出过任何努力，哪怕是尝试。

在楚门做出改变，踏向新世界大门的时候，是他的梦想支撑了他。而对于我们来说，在一开始，我们很多人也是有梦想的。但是在成长过程中，我们大多数人也同样地被设定了。我们有一个固定的模式，它不断提醒着我们，只有好好读书，将来才能考上一个好的大学，继而才会有一个好的前途，生活才会幸福美满。这何尝不是一个固定的框架给我们制造的“楚门的世界”呢？

然而我们是人，我们有自己的梦想。可能谁都想过以后要成为一名科学家，成为一名光荣的人民教师。可是，长大后你会发现当初的想法千奇百怪。当我们开始有了自己的想法并且逐渐去实施的时候，会惊喜地发现有人喜欢上了摄影，有人爱上旅行，有人钟情写作。我们没有完全妥协，而是在打开新世界的大门。

是谁说了人活着就是一定要按照那个既定的模式，好好学习，好好工作，好好赚钱直到生老病死呢？人类不可避免地生活在了一个规则化的世界里面。可是你是否会扪心自问，你的梦想究竟去了哪里呢？在电影中，楚门最后走出来了，因为他有自己的梦想，因为他再也不想重复这样一种被安排好的生活。

在电影的最后，镜头指向了那些正在看《楚门的世界》这部剧的人。当他们看到楚门坚定地踏出那勇敢的一步时，他们看到有人做了自己想做又不敢做的事。所以瞬时酒吧里的人疯狂，老人流泪，洗澡的人癫狂。

有幸的是，你有足够的时间去完成自己的梦想，走出“楚门的世界”，打破那个框架。勇敢一些，你将会遇见更好的自己。

智慧悟语

让自己成为自己的上帝，相信这份力量，当你通过努力真的改变了自己的命运时，你会由衷地感叹：原来，自己真的能做到；原来，这份好运一直陪伴在自己身边。

你不妨大胆一点

我们应该放大胆一点，不要害怕，不要犹豫。追寻内心之所向，尝试内心之所想。如果说这个世界上的每一个人都是一条活在深海里面的鱼，那么人生就是要乘风破浪航越大海。

很久之前我问过朋友一句话：“为什么我们年纪越来越大，胆子却越来越小啊？”他首先是认同了我这个观点。的确是这样，小时候，我们有着无尽的好奇心去触碰那些我们从来没有见到过的东西。当然有人会说，那是因为小孩子没有足够的知识，无知者无畏，他们不懂得那些事情里面的利害关系，继而才不知道恐惧。大多数时候，正是因为那个东西对于他们来说是未知的，他们好奇，所以才会去伸手摸一把。

我们每个人都是从小时候过来的，想必肯定会有我上面描述的这种感觉。如果思考一下原因，会发现最大的原因就是在我们成长的过程中好奇心逐渐被我们丢失了。我们从上学开始就不断地学习各种各样的知识，这些知识从某些方面说的确是打开了我们的眼界，但是从某些层次上来说，如果运用不当，他们就会成为我们前进的障碍。于是我们恪守那仅有的一点知识止步不前。

老师一直说学习一定要成系统，但就是这个系统可能会让我们错失与新知识、新世界的接触机会。一个固有的知识也许能够让我们知道一种解题方法，但是这个知识如果成了一种思维定式，就会变成了一种刻板。在这种思维惯性之下，我们可能会在还没了解一个东西的时候，就去排斥它。甚至可以说是我们怕自己固有的知识受到冲击，于是我们变得畏首畏尾，犹豫不前。其实有的时候只要稍微大胆一点，也许你就能够到达另外一个完全不一样的境界。

曾经看过这么一个故事：有一位学者去乡下玩，那天饭后他决定出去散散步。当他走出去没多久的时候，遇到了一位老农。当时那个老农干完农活准备把大水牛拴在一个小木桩上面。学者看到之后，便产生了一个很大的疑问，他问那位老农："大伯，你这样栓的话牛会跑掉的吧？"老农当时首先是呵呵一笑，继而用十分肯定的语气说道："它是不会跑掉的，它从来都是这样。"学者更糊涂了，忍不住又问："它怎么可能不会跑走呢？你用这么小的一个木桩，这头牛只要稍微使一下力气，就把它拔出来了，这对它来说不是轻而易举吗？"

这个时候，老农走到他的旁边对他说："年轻人，我跟你讲，这头牛是无论如何都不会跑掉的，因为当它还是一头小牛的时候，我就是把他拴在这样一个木桩上的。刚开始的时候，它不是那么老实待着的，很多次想从那个木桩上挣脱下来。但是，当时它的力气还比较小，尽管再怎么折腾，依旧还是在原地打转。于是它自知也没有什么办法了，就放弃了。后来，它虽然日渐强壮，却再也没有什么心思与那个小木桩做斗争了。甚至有一次，我去给它喂草料，当时我玩了个心机，我故意把给它的那些草料放在一个它脖子够不到的地方，我想也许它会挣脱木桩去吃草吧。可是，事实证明我的想法错了，它并没有试着去挣脱，只是叫了几声，然后就站在原地呆呆地望着草料。”

我们可以设想一下，如果当时那头牛可以大胆去尝试一下，那么不至于吃不到堆放在它脖子前面的草料。原因就是，它从小就被感知到的情况束缚住了。但是，想必一般的人都会明白一个道理，那就是约束这头牛的并不是那一根小小的木桩，而是它用自己的思维惯性给自己设置的精神枷锁。

反观我们人类自己，我们也有太多的时候被自己的经验所局限。就像这头牛一样，一旦通过某种方式确定了某一件事情之后，我们就很难再改变。可是牛和人不一样，牛不会反思，我们人类可以反思。所以我们要做的就是思考一下，自己一直信

奉的那些观念、价值是否是正确的、可行的。

我们太容易忽视一个事实了，那就是这个世界的事物任何时候都是一直在变化发展的，而在这种变化中，可能我们最需要做的就是更新我们已有的知识。因为说不定在社会的发展过程中它们早就已经过时了，而我们还不自知。我承认否定和放弃我们过去已经学习和掌握的知识有一定的难度，所以很多人更宁愿固守在自己原有的知识圈子里面不肯出来。

总有人说这一辈子太短了，好多事情还没有做我们的生命就要结束了，好多风景还没见到我们就要离开了。我们所有人都知道这个事实，为什么你不大胆一点？你大可以去全心全意爱一个你喜欢了很久的人；你也可以去攀一座你一直想征服的高山。有人说：“上天让我们转世投胎来到这个世界上变成一个人，就是要让我们来创造奇迹的。”

智慧悟语

我始终认为一个最重要的事情，就是我们要保持对这个世界的好奇心，你大可以去放手做一些你自己想做、想去尝试的事情。不然到最后我们依然无法越过心中的墙，一辈子都只会被困在意识的牢笼中逃脱不了。

你可以选择你想要的生活

世事无绝对，任何事情都会有峰回路转的时候。一切皆有可能，只要不放弃心中的梦想，总会守到拨开乌云见日出的那一天。

人是复杂的，因为人有时候会生自己的气而对自己破口大骂。我们会抱怨，肯定是因为不如意，那么对自己不如意是为什么呢？因为挫败感。在这种情况下，我们作为一个人的积极性被消灭，逐渐由挫败感生出了迷茫之思——我可以在自己的能力范围内做什么？更为甚者，得出了人生就是虚无的结论。而我要告诉你的是，你可以选择自己想要的生活，因为你不一样，因为这个世界上再也找不出第二个从基因到大脑形状和你一模一样的人了，你本就不一样，你该活出你想要的样子。

几年前一个年轻人不顾亲人的反对，去贵州支教了。当时他说了一句话："这是我第一次完全出自自己意愿要去认真做的一件事情，不管怎么样我必须去。"后来他去了贵州，每天都要砍柴挑水，自己做饭，吃完饭就要去给那边的孩子上课。这次支教彻底改变了他对贵州的看法，也改变了他的人生观。在他去过之后，他发现贵州原来并不是别人想象的那么乱糟糟，那个时候他就明白了：任何事情不能只是听别人说，我们一定要听从自己内心的声音，因为那才是指引自己前行的动因。

虽然每天很苦很累，但是他非常开心，每天和一群可爱的孩子在一起，看着他们求知若渴的眼神和纯洁的目光，他感觉到了真正的开心，从那个时候开始，他也明白了幸福好像和金钱并没有那么大的正比关系。

在我的学生时代，我曾经问过一些毕业了的同班同学在他们的学生生涯有没有什么遗憾。能想起来的有以下回答：没有去学校图书馆多看几本闲书，增加一些课外知识储备，以至于总是体会到书到用时方恨少；没有去认真地做过哪怕一次志愿者，完全抛弃自己私心自发地去做一件善事，等等。后来回想了一下，为什么我们没有去做呢？大概有下面这些原因：同学都出去玩，我也不想看书，在外界环境的影响下，我们变得越来越不独立，我们的判断和行事完全有赖于别人如何表现，于是我们成了一个生活的模仿者；每次只要是想做志愿性的举动，总有人阻止，说这个不好、那个虚伪，我们总会把那一点点否定的声音放大，以至于到最后也开始怀疑是不是自己的想法有什么问题，于是在这种不间断地对自我的否定性的思考中，我们迷失了自我，淹没了自我的声音。我不知道你有没有看到，在所有的原因里面，始终都有两个人物角色出现：一个你自己，另外一个就是“别人”，而且在绝大多数的情况下，你想做的都被别人阻拦了下来。你可能会觉得有点滑稽，为什么我们做事情会被别人左右！

我告诉你，最终的原因是你缺乏足够的勇气去支撑自己的想法，是你自己在做决定的那一刻害怕了。你有完整的双手双脚就是让你去创造属于你的生活，如果我们都是在重复别人的人生，那何必长得跟其他人不一样呢？

有些事情我们回头再做的时候，已经错过了最好的年纪，你七十岁的时候看到的亚马逊星空和十七岁的时候看到的会完全不一样，即使它没有变。我始终认为，每个人都是不一样的个体，大到长相身材，小到基因指纹，我们都是不一样的。所以想法肯定不会那么一致，所以每当你想去做某件事情的时候，都会有一个“别人”站出来，振振有词地说“这样不好”“这样不对”，诸如此类。然后你就放弃了。最后倒是合了群，可你付出的代价是什么？代价你是永远弥补不了的遗憾。

看过一个国外的故事。有两个少年在厕所相遇，其中一个找另一个戴帽子的借了点儿手纸。等出了厕所借手纸的给戴帽子的上了根烟，以示感谢。于是两人边走边聊。戴帽子的孩子说：“最近家里逼着我学钢琴，可我怎么都弹不好，郁闷啊！”借手纸那位诧异地说：“钢琴有什么难学的？我从五岁开始弹，现在越弹越好。倒是我们家里人老逼着我写诗，烦哪！”戴帽子的一听乐了，从背着的挎包里拿出一沓稿纸：

“哥们儿就爱写诗，喏，这都是，不行你拿走回家交差去。”

关键在结尾处，原来这个不爱学琴的就是大诗人歌德，不爱写诗的则是莫扎特。这个故事告诉了我们，人一辈子没有重来的机会，你可以过自己想要的生活、去做能够吸引你的事情便能够过上自己想要的生活。

最后我想说，你多想活出自己的样子，就得多么有勇气去做出自己的选择。所以请你不要去管那么多，不要去猜测别人的想法，喜欢看书就去看，喜欢打篮球就去打，随便一天几小时呢。人生不是钟点工，不要以为自己用的时间多就一定收获得多。

智慧悟语

人的一生，你可以不喜欢自己的工作和环境，但是一定要有自己喜欢的事情，并为之付出努力。这样做不仅仅是要让你的生活丰富一些，而是你必须找到自己的兴趣所在，那是你的所爱，也将是你以后在任何不爽或者灰心丧气的时候可以去做的。

年轻就是犯错误

在这个世界上，唯一不要钱而且效率高的学习方式就是犯错误。如果我们放弃了犯错误的权利，那么就等于放弃自己进步的机会。因为人生本就是在不断尝试中前进的，失败的经验和成功的经验会交错出现在你的生活中。

我们一生之中在各个领域遇到过各种不同的老师，有的老师很严格，但是我想再严格的老师也会容忍学生犯错误，因为首先对于我们来说，一个陌生的领域完全是未知的，在探索的过程中我们必定会犯一些错误；其次，我们年轻的时候有着最旺盛的学习精力，而年轻就意味着知识经验还不够充足，我们在不断地摸索着向前走，难免会有跌倒的时候。

年轻就该勇于犯错，只有经历过错误和失败，我们才会认清自己的问题所在，明白问题的重心所在，而这便是成长。所以犯错是成长过程中的一条必经之路。

很久以前看过一个关于马云的视频，当时马云面对韩国媒体这样一个提问：“如果您现在能够回到您25岁的时候，您会做些什么？”马云当时几乎毫不犹豫地说出了他会多犯错误。因为25岁还是一个人事业的最初阶段，即便在那个时候跌倒了，你也有爬起来的机会。在那样的一个过程中，你不仅仅积累了多样的人生经历，还会从错误中吸取很多教训，而这些教训无疑都将会成为你的财富。

在刚刚学习走路的时候，我们摇摇晃晃，也跌倒继而害怕，但是在不断地跌倒中我们慢慢地掌握了平衡，于是学会了走路。当我们再长大一点的时候，开始学习骑自行车、奔跑等各种各样的技能，在那个过程中，我们可能会摔得更惨，但是在经历了那样一个过程之后，我们学会了这些技能。

很多人貌似不喜欢错误这个东西，可是我们每个人心里却都又清楚这个世界上不可能有完美的存在，金无足赤，人无完人，不会有从来没有犯过错的人。而如果犯错是不可避免的话，那么我们为什么不尽早去尝试呢？

我想我们大多数人都听说过“失败是成功之母”这句话，但是在真实的情况中，我们很多时候却极不愿意接受失败。而如果没有失败作为你的基础和借鉴的话，你又怎么成功呢？于是对于不愿尝试、不愿承担失败的人而言，成功自然也会离他远远的。

很多人因为怕犯错误，在年纪轻轻的时候便停下了探索世界的脚步。永远地待在自己的安乐窝中，丝毫不肯往前迈出一步，虽然自己暂时舒服了，但是始终不会有任何进步可言。我们很多人都听说过中年危机这个现象，究其原因，就是因为人到中年了，无论是在身体方面还是在智力方面都开始走下坡路了。所以中年便意味着我们人生中最富有激情、最富有创造力的岁月永远地离我们远去了。

我深信我们每一个人在一开始都是怀揣一些梦想的，但我们总是语言多过于行动。甚至我们中很大一部分人正是以自己还年轻为借口，总想着时间还多，以后再去实现梦想也不是未尝不可的。于是我们总在拖延，直到梦想彻底被我们忘记，这不是很可悲吗？

作为一个人，千万不要人到中年才发觉，原来未来留给我们的可能性已经不多了，我们能够大胆去犯错误的空间也越来越狭窄了，不会再有那么多可以去不断尝试的机会了。在这种情况下，我们渐渐地就选择甚至可以说是默认了这种所谓的安稳生活。

从某种程度上来说，我们人类很容易认命，然而更多的人仍然会觉得不服输是年轻人的权利。如果这么说的话，难道我们不应该趁自己年轻的时候去做更多的尝试吗？

我们每个人生下来，可能都会带有一点天赋上的优势或不足，它们往往潜伏着不容易被发现。唯一发现的手段就是不断地去尝试各种各样的事情，不断地去探索自己不熟悉的领域，慢慢地，你就会认识到自己真正的优缺点，而你一旦认识到了这些，那么你需要做的就是扬长避短，努力发挥自己的长处。我们只有敢于去做一个犯错误的人，勇于去尝试，才会找到一条最适合自己走的路。

如果你觉得自己依然年轻，那么请大胆一点，不要害怕去尝试，勇敢一点。也许在尝试过后你会对生活有一种惊喜的发现。你可能会找到自己真正的兴趣所在。

人生路上难免会有很多障碍和坑，那些所谓的过来人再如何提醒你、提示你，都不如你自己亲自去尝试一下。松鼠过河的故事想必大家并不陌生，只有当你亲自尝试过，你才会对事情有一个完全的掌握，才能做出一个更为明智的抉择。

智慧悟语

有的时候只有放手去试一下，你才会发现原来自己也是那么勇敢的人，原来生活还可以这么过。所以不要等待、不要拖延，时光不等人，趁着年轻的时候去闯荡吧、去奋斗吧，生活将会告诉你，年轻就是应该犯错误，这将会为你接下来的生命储备足够多的经验，而这些经验将帮你抵御未来生命中出现的风风雨雨。

Part 03

最美的风景藏在最绝望的深谷里

生命中的裂痕，才是阳光进来的地方。看得惯那些挫折、逆境，并在其中历练，接受痛苦、接受眼泪，是豁达、是成熟，更是一种人生的境界。

03

别把困难当作灾难

“别把困难当作灾难。”或许正是因为这样，人们才会想方设法战胜困难，也或许正是因为这样，“别把困难当作灾难”这句话才有了这么强大的生命力。

“别把困难当作灾难”是一句流传了很久的话，但也是一句充满生命活力的话，因为它一直流传至今也不失为敬。生活中总是充满很多困难，正如有的人所说，生活处处是瓶颈，有关乎学习的，有关乎工作的，有关乎爱情的，总之困难所涉及的面很广，只有你想不到，没有它到不了的地方。

“天将降大任于斯人也，必先苦其心志，劳其筋骨，饿其体肤，空乏其身，行拂乱其所为，所以动心韧性，增益其所不能。”这是孟子的一段话，也是诠释人生存哲学的一段话，我们生活中不乏这样的人存在，他们把困难当成上帝对自己的洗礼，在不断挑战自我中获得成功。

在英国泰晤士河支流上有一座著名的大桥——赫耳卡大

桥，许多人都知道这座桥的名字，但是却很少有人知道这座桥之所以这么命名的缘由。这座桥的名字源于一个名叫赫耳卡的青年。赫尔卡是一个土生土长的英国人，从小就爱好发明，可是为什么这座著名的大桥会以他的名字命名呢？对于很多人而言或许都是一个疑问，以至于现在很多人甚至都不知道赫尔卡原来是一个人的名字，更不可能知道原来这座桥和这个人之间还有着一段浪漫的爱情故事。

赫耳卡的家住在河的东岸，很少去河的西岸。正巧有一次他去河的西岸给亲戚送东西的时候碰上了一位美丽的姑娘，他就这样深深地陷入与这个姑娘的爱河之中。恋爱后的他由于经常需要和心爱的女子见面，所以不得不频繁地从河东到河西，可由于大河的阻隔，赫耳卡要和姑娘相会，每次都要浪费很多时间。于是赫耳卡想，如果我能造一座连接两岸的大桥不就可以节省很多时间了吗？可是赫耳卡找人预算了一下，造桥费用最少得90万英镑，年轻的赫尔卡根本没有那么多钱，于是他不得不想其他的办法来解决资金的问题。

赫耳卡最先想到的是当地最大的一家电车公司，造桥可以给电车公司带来直接的利益，他认为电车公司应该不会拒绝他，可是赫尔卡毕竟太年轻，他忽略了90万英镑也是一大笔钱，电车公司若拿了这么多钱出来赞助他，那就没有多余的资金周转了，所以电车公司的答复并没有使赫尔卡高兴。

被拒之门外的赫耳卡没有放弃，遭遇困难的他不断搜索解决实际问题的办法，终于，皇天不负有心人，他在苦苦思索后又了解到与修桥和修铁路有着密切的联系的两个单位。一个是铁路公司，因为当时交通并不发达，火车和电车的路线安全措施也不是非常完善，有一条火车路线和电车路线就因为交叉而经常发生交通事故，赫尔卡想如果能造一座桥，那么电车道就可以改走桥上，隧道就可专供火车通行，这样交通事故就不会再发生了，这对铁路公司和电车都是很有好处的。另一个单位就是当地政府，火车和电车频繁的交通事故不仅给铁路公司和电车公司带来了巨大的损失，也给人民带来了诸多不便，卡尔特认为如果能造一座桥，民众的生命安全就有了更好的保障，这样不仅实现了自己与爱人相会的愿望，也替政府为当地的民众百姓办了一件实事。

经过赫耳卡的再三分析，他确定了自己造一座桥的必要性，这时的他已经把为人民服务放在了第一位。由于他觉得人民的利益是不能拖延的，于是开始到几处游说。他再一次找到曾经拒绝过他的电车公司，这一次他已退去了初时的稚嫩，学会了多方考虑，于是他对电车公司的负责人说：“如果你们电车公司能投资三分之一，其余三分之二的资金由我负责解决。”

电车公司被他做实事的真诚所打动，同意了他所提出的要求，并且还能解决本公司的实际问题，他们觉得这是一件两全其美的事情。

接着赫耳卡又到铁路公司和当地政府，也用同样的方法征得了他们的同意。资金的问题就这样落实到位了，卡尔特的困难在他的坚持下已经被解决了一大半，剩下的就是建桥的工程了。

半年后，大桥建成，政府、铁路公司、电车公司、人民的切身利益都有了保障，赫尔特也收获了自己的爱情，当地人为了感谢卡尔特的无私奉献，遂将此桥命名为赫尔特大桥。

赫尔特用他的成功告诉我们一个道理：不管你面前的困难有多大，你都不要觉得它是一场灾难，只有把眼前的困难看作通往成功的必经之路，你才有成功的可能，如果你拒绝困难出现在你的生活中，并以消极的态度把它当作一场灾难来对待，那你只能白白吃苦却毫无所获。

古代先贤孟子早在多年前就告诉我们："生于忧患，死于安乐。"无论是发于畎亩之中的舜、举于版筑之间的傅悦、举于鱼盐之中的胶鬲，还是举于士的管夷吾、举于海的孙叔敖、举于市的百里奚，他们最后之所以活得成功并且永垂于世，都是因为他们知道生于忧患、死于安乐的道理。

智慧悟语

"别把困难当作灾难"，这是一句你应该终生铭记在心的话。一辈子很长，你会遇到无数困难，你所经历过的困难都会帮助你成长。我们应该把困难当作前进的动力，而不是把遇到的困难当作人生的灾难。

不放弃就没有输

人的一辈子需要做出许多决定，大如婚嫁，小如挑选，无论你做出什么样的决定，你都要告诉自己做了决定就不要后悔。所以在做决定之前一定要确定好自己的目标，并下定永不放弃的决心，这样坚持到最后的人才是真正的人生赢家。

我们经常说要做一个笑到最后的人，但笑到最后这一路却不是那么容易的，想要成为笑到最后的人，那就告诉自己不能输。永不放弃、永不服输需要做到这几点：人生总是有胜有败，得胜时不骄不躁，不要得意忘形，放纵自己；失势逆境时，不消极颓废，不放弃人生，不放弃自己；人生成功的定义，要自己不断地去摸索，每个人成功的路径和方法都不同，但不尽相同的是，每个成功的人都有一种永不言弃、永不服输的精神。

罗斯福小的时候曾认为他是这个世界上唯一一个上帝忘记了眷顾的孩子，因为小时候曾患脊髓灰质炎，这次病痛的袭击不仅在他的心里种下了自卑的种子，同时也把这种自卑印在了他的身体上。

脊髓灰质炎使他不再像其他小孩子一样毫无顾虑地活跃于各种场合，因为病痛使他原本正常的双腿丧失了行动能力，另外受病痛的影响，他未能像正常人一样长出一口洁白的牙齿，在他口腔里暗藏的是一口参差不齐且凸出的牙齿，所以罗斯福小的时候很少与同学们一起玩游戏或者出去玩耍，就连上课老师叫他回答问题的时候，他也总是低着头一句话也不说。那时的罗斯福就像一个被世界遗弃了的孩子，没有人能走进他的世界，他总是用沉默和孤立的方式来保护自己。

在一个平常的春天，罗斯福的父亲从邻居家讨了一些嫩嫩的、绿油油的树苗，他想把这些从邻居家讨来的树苗栽在自己家的房前，这样来年等树苗长成了大树就能为自己房子增添一道亮丽的风景线，同时他们一家人还可以在大树下乘凉、聊天，想想这该是多么和谐的一幅画面啊。于是他叫他的孩子们每人栽一棵，在栽树之前罗斯福的父亲对他的孩子们说，你们几个比赛吧，如果谁栽的树苗长得最好，就给谁买一件礼物。父亲的行为是为了激励孩子们用心地完成自己该完成的事情，而不要万事过于随便。

小罗斯福那时还不懂得父亲这么做的道理，但有一点他很清楚的就是，他希望能够得到父亲的礼物，并且是一件他最喜欢的礼物。但是他并没有用心地对待自己的树苗，而是希望它赶快枯萎，可令人感到惊讶的是几天后他再去看小树苗时，自己的小树苗居然长得最好，不仅长出了新的叶子，而且还很有生气，父亲也兑现了自己的承诺，给他买了一件他最喜欢的礼物，并对他说他以后一定能成为一个出名的植物学家。

受到父亲鼓励的罗斯福似乎找到了自己人生的目标，逐渐变得乐观起来，并且开始关心起他的小树苗来。一天晚上，他躺在床上睡不着，看着窗外那明亮皎洁的月光，忽然想起生物老师曾说过的话：植物一般都在晚上生长。何不去看看自己种的那棵小树？当他轻手轻脚来到院子里时，却看见父亲用勺子在向自己栽种的那棵树下浇灌着什么。顿时，一切他都明白了，原来父亲一直在偷偷地为自己栽种的那棵小树施肥！他返回房间，任凭泪水肆意地奔流……

原来父亲是为了帮他找回自己，找到生活的目标，植物学家只是鼓励他的话，但是父亲的话却让他明白了一个道理：坚持你所坚持的，只要不放弃，就没有输。

父亲的爱在罗斯福就要放弃自我的时候拯救了他，使他重新找到了自己生存的目标，并为之而奋斗。也从那以后，罗斯福在生活中从来不轻易放弃自己所坚持的事情，这种不放弃的精神最后成就了他的人生。

几十年过去了，罗斯福并没有如父亲所言成为一名植物学家，但是他却凭着自己那永不放弃、永不服输的精神成了美国的一代领导人物。富兰克林·罗斯福这个名字也因此被美国人世世代代熟知。

罗斯福的实例告诉我们，在通往成功的路上，没有任何东西能够阻碍你前进。旁人的冷眼嘲笑都不足为道，最重要的是你找到自己、看清自己、战胜自己，找到自己所追求的、看清自己所需要的、战胜自己内心所恐惧的。任何痛苦都不敌迷失自我的痛苦，任何悲哀都不敌放弃自我的悲哀，任何无助都不敌失去方向的无助。

泰戈尔曾说："上天完全是为了坚强你的意志，才在道路上设下重重的障碍。"贺拉斯说："被克服的困难就是胜利的契机。"培根说："幸运并非没有恐惧和烦恼，厄运并非没有安慰与希望。"一个人如果没有任何阻碍，那他将会永远保持着他所认为的满足，而事实上那种状态是一种被称为平庸的状态。如果罗斯福没有经历病痛的折磨，那么他可能就会平平淡淡地过完他这一生，如果罗斯福没有被父亲的行为所开导，那他可能永远不会明白只有不放弃的人才不会输。

智慧悟语

天公把一种魅力隐藏在了人的经历中，这种魅力只有通过在困难中磨砺出永不放弃、永不认输的精神之后，才会被人意识到，并且像磁铁一样，不断地吸引着别人向你看齐。

感谢曾经让你感到无助的人

感恩那些曾经让你感到无助的人，是他们给你机会造就了一个更强大的自己，他们让你的生命有了新的高度，更有意义。所以，不要去恨一个曾经帮助过你的人，也不要用憎恨来结束你的人生。

从前有个非常胆小的人，从小到大都生活在别人的嘲笑声中，所以他觉得自己的成长之路总是孤独无助的。为了改变这种受人嘲笑的生活状态，他决心锻炼自己的胆子，于是在安排好身边的事情后，他一个人背着行囊准备到有老虎的森林中去漫游。虽然防护措施已经做得很充分了，可是当他一个人踏进有老虎的森林时，心里还是感到无比的恐惧，但是一想到自己曾受过的各种冷漠和嘲笑，他在心里对自己说：别怕，如果你因为害怕而选择退缩的话，那你这辈子就注定被别人看不起。正想着如何坚定自己决心的时候，突然遇见了一只饥饿的老虎，还没等他反应过来老虎大吼一声就扑了上来。他立刻用最快的速度逃开，但是老虎紧追不舍，他一直跑，最后被老虎逼到了断崖边。

当他被老虎逼得无路可走的时候，他站在悬崖边上一边哭一边四处张望，嘴里还念道："怎么办，怎么办？"这时的他突然又回想起自己曾受到的那些嘲笑，他马上对自己说："我不能这样，我不是一个孬包。"于是他又一次坚定了自己的决心。这时老虎离他已经越来越近了，他若是继续犹豫，定然会成为老虎的口中之食物，就在老虎扑向他的那一瞬间，他毫不犹豫地跳下了悬崖，在他跳的那一瞬间，他忘记了自己曾是一个胆小如鼠的人，唯一能让他记起来的就是他是一个人，他要活着走出这片森林，而不是成为一只动物的食物。纵身跳入悬崖后的他，非常幸运地卡在一棵树上，那是长在断崖边的梅树，树上结满了梅子。与其说这棵树拯救了他，还不如说是他凭着自己的勇敢闯出来一条活路。

在他还挂在树枝上的时候，断崖深处传来巨大的吼声，他怯怯往崖底望去，原来有一只凶猛的狮子正抬头看着他，狮子的声音使他感到心惊胆战，但他不想做胆小鬼。这次他没有选择逃跑，而是拿起身旁的石头做武器，并用智慧胜过了狮子。胜过狮子后的他变得非常自信，在他身上再也看不到当初一个人走进森林时的那番情景了，此时的他在森林中行走自如，无论再遇到其他什么攻击性的动物，他都不再害怕。

等他走出森林回到生活中的时候，人们都惊讶于他的改变，纷纷问他在森林中都经历了什么，有的人甚至一改以前鄙夷的态度，对他投来了赞许的眼光。但在他心里，他从未忘记过自己是如何克服心理障碍走到今天的，他也从未忘记过去的自己曾是一个什么样的人。他把自己在森林中的经历向大家描述了一番后，郑重地对在座的每一个人都鞠了一躬，正在大家都困惑不解他为何做此举动时，他开口说道：“曾经我是一个胆小如鼠的人，这一点我从来未曾忘记。我从小生活在别人的嘲笑声中，这一点我也从来未曾忘记。但是，当有一天你们的嘲笑让我感到无助时，我不愿这样辜负自己的一生，于是我决定改变自己，感谢你们，让我认识到自己曾经是如何没有价值，如果没有你们的嘲笑和鄙夷，我也不会有今天的勇气，更别说让自己活得有价值。”

生活中给你带来困难的事情很多，生活中让你感到无助的人也很多，但是我们应该被困难压垮吗？我们应该让别人感受到自己的孤独吗？答案固然是否定的。困难让你成长，你应该感谢困难；而那些曾经让你感到无助的人呢？他们让你认识到了自己的不足，给你提供了挑战自我的机会，让你重新突破自己，实现自己存在的价值，找到自己活着的意义，这种帮助过你的人，你应该对他们怀恨在心吗？

恨一个人并不是一件容易的事情，它不仅伤害了你所憎恨的人，同时也伤害着你自己。奥斯特洛夫斯基曾说：“我感到逐渐虚弱，所以我趁着我还能觉出心中的烈火，趁着我的脑子还清楚，我就赶快抓紧每一分钟的时间。死亡在守候着我，我就更加坚强地面对我生活中所遇到的一切遭遇：眼瞎、不能动、剧烈的疼痛、孤独无助，但尽管生活是这个样子，我也要感谢生活，因为它让我感觉到了我是一个幸福的人。”在面对死亡时，他仍这么乐观地原谅了生活中的一切不幸，并把这些都当作自己的一种幸运，是他感到幸福的源泉，所以他的巨著《钢铁是怎样炼成的》才能影响一代又一代的年轻人。

智慧悟语

感恩，是一种文化素养；感恩，是一种思想境界；感恩，是一种社会责任。法国浪漫主义文学家维克多·雨果曾说：“卑鄙小人总是忘恩负义的，忘恩负义原本就是卑鄙的一部分。”所以我们要常存一颗感恩的心，去看待我们正在经历的生命、身边的生命，悉心呵护，使其免遭创伤。

说服另一个自己

每个人都不止一面，但人的多面并不一定什么时候都是和谐的，例如，常常在做了一件事情后又在内心谴责自己，其实这是一种心理障碍。如何才能突破障碍，成为一个和谐完整的人呢？这就需要我们去说服另一个自己。

说服自己的方法有很多种，每个人可以选择出最适合自己的那套方法让自己成为一个更优秀的人，有的人喜欢运用自我斗争的方法，使两个“我”在一种看不见的形式中斗争，最后失败的服从胜利的；有的人喜欢运用自我激励法，使落后的那个“我”努力追赶上优秀的那个“我”；有的人喜欢运用他人调和法，把自己的矛盾告知他人，使他人帮忙找到一个结合点。总之，对于两个“我”的问题，解决问题的办法有很多种，你可以根据实际情况选择一种最适合自己的方法来说服另一个自己。

本杰明·富兰克林是美国著名政治家、科学家，同时亦是出版商、印刷商、记者、作家、慈善家，更是杰出的外交家及发明家。他是美国革命时重要的领导人之一，参与过多项重要文件的草拟，并曾出任美国驻法国大使，成功使法国支持美国独立。他曾经进行多项关于电的实验，并且发明了避雷针。同时他还发明了双焦点眼镜、蛙鞋等。作为共济会的成员，他还被选为英国皇家学会院士。但就这样一个功绩累累的名人，曾经也有过与另外一个自己斗争的经历。

我们都知道本杰明·富兰克林是美国史上最伟大的外交官之一，但是对于他年轻时候的事情我们却不甚了解。年轻的本杰明·富兰克林是一个性格非常独立的人，他这种独立的性格使他卓然不同于身边的人，但这种性格也造成了他一意孤行的特点。有一次，在和朋友的一次聊天中，本杰明·富兰克林一如既往地将在场的每一位人的意见都否定了，这导致在场的人都不愿与他做过多的交流。他也曾想过自己的问题，但精神上的“我”和实际生活中的“我”始终不能达成一致，最终他还是屈服于自己多年以来形成的习惯——一味否定他人的意见。

但这一次，他的一位教会朋友实在是看不惯他这种行为，于是对他说：“你真是无可救药，你已经打击了每一位和你意见不同的人，没人愿意和你这种只会一味否定他人的人做朋友。你若不能克服你长期以来形成的坏习惯，日后定将孤独终生。”这位朋友尖锐地指出了本杰明·富兰克林身上存在的问题，他认为如果本杰明·富兰克林不改掉这样的行为，将会一辈子没有朋友，更不会成为一个外交家。

富兰克林听了这位朋友的话，嘴上依然反驳到："我生性如此，如何能改？"但实际上此时的富兰克林精神上却是另一幅场景：我一直不愿承认自己的缺点，总是习惯了别人的称赞而可以忽略自己的不足，我是应该改一改了。这就是两个我的斗争，但是这时我们显然能感觉到精神层面的富兰克林已经胜出嘴硬的富兰克林，只是他们还没有达到一种和谐的状态，所以尽管精神上认识到自己错误的他，嘴上依然坚持着自己固有的行为。

此次见面结束后，本杰明·富兰克林陷入了深深的反思，他渐渐意识到了当初的自己是多么的傲慢无礼、粗野俗气，在回忆的反思中他似乎看到了这个狂妄自大的自己渐渐走向死亡的场景，于是他如梦初醒，原来过分武断不仅会阻碍自己对学识的探索，还可能会断送他人的前程。

反思后的本杰明·富兰克林发生了360度的改变，再一次与朋友交谈时，朋友们都发现了他的改变，并称赞此时的他更成熟、更明智了。他笑着说："我们本来也不是一个全能的人，不可能知道任何事情，我有什么资格一味否定别人而坚持自己是正确的呢？一意孤行的行为不仅对我自己没有任何好处，也很有可能会伤害到那些愿意真心与我分享的人。"

后来，富兰克林说："我给自己立下规矩，绝不正面反对别人的意见，也不准自己太过武断，我甚至不允许自己在语言表达上太过于绝对。我不说当然、必须等词语，而是将他们改成我认为、可以、如何、怎样、可能会、好等语句。"这种方式使本杰明·富兰克林渐渐成了事业上的强者。

在生活中，像本杰明·富兰克林这样通过说服另一个自己找到平衡点并走上成功道路的人数不胜数，他们或许用的并不是和本杰明·富兰克林相同的方法去找到自己的平衡点，但有一点是毋庸置疑的，他们都通过各种方法说服了另外的那个自己。

我们不能因为失败过就放弃终生，我们也不能因为贪图享乐，就放纵自己。不要逃避、不要躲藏，勇敢去面对真实的自己，只有这样你才能说服另一个在与你抗争的自己，每个人都有这样的能力，因为这是上天给我们的一笔无形的财富。无论什么时候，都不要走极端，我们要学会在实践中认识到和改正掉自己的错误，一点点突破自己去成为一个更完美的人。

智慧悟语

如果你想改变自己，如果你想让人生光彩夺目，首先你要认识到自己的不足，然后用理智的那个你战胜不足的那个你。一个人在探索真理的路上会走很多弯路，犯很多错误，但那并不是一件坏事，很多时候你曾经经历的事情都是为了让你在经验的基础上找到一个更好的自己。

人唯有独立，才能强大

独立是强大的，独立的人也是强大的，独立的人总会更有底气去面对世界。

我是个性格有些散漫的人，喜欢一个人闲逛，特别在有烟火气的地方。路过许多许多人，他们有的三五成行，有的相互依偎，更多的是形单影只。聚在一起的人大多看起来很快乐，神采飞扬的样子；而我有兴趣的是那些独自的人，他们或快或慢地走着，会让我好奇他们一个人要去哪里，还有他们身上的故事。

读过的书、受过的教育，让我追求自由，在生活中却期待有人陪伴。这仿佛是一件很矛盾的事情，在我看来，两者之间如同主食与佳肴——我们离不开主食，这也不妨碍我们去追求美味；我们会感到寂寞，想要有伴侣，但灵魂自由应是我们坚守的底线。

中国的父母有种重大的责任感，对自己的子女，很难放手。小时候在家里看动物频道，草原上的非群居动物对自己的孩子相当淡漠，在教会它们必要的生存技巧后就会离去，任它们自己去面对未知的自然。当时坐在我旁边的母亲看到这一幕很惊讶，说："这母亲怎么忍心！孩子还这么小就离它而去。"我问母亲她会怎么做，我还记得她望向我的眼睛波光炯炯有神："我会一直陪在你身边，直到你长大。"

这句话我记忆犹新，因为从那时起我就梦想着长大：被母亲管得烦了，那时候想长大脱离束缚，大多时候又在计算着母亲还能陪伴我多久，她什么时候会离我而去。于是又思考着"长大"的定义：要长成什么样子，才算是长大呢？

当小学生的时候想着是升到初中吧，初中的时候想着是成为高中生吧，成为高中生以后又在掰着手指算自己还有多久到18岁——成人礼之后，自己就是个大人了吧，现在呢，现在觉得长大也许与年龄联系并不那么紧密，长大与否的标准在于内心的成熟与否，而判断成熟最重要的一项标准就是——独立。

独立的特点在于不依附、不隶属。通常我们认为的独立包括三方面：思想独立、经济独立和行为能力独立。

要做到真正意义上的思想独立，是一件很不容易的事。我们处于一个信息爆炸的时代，学习知识不局限于书本与课堂，获取信息成了一件轻而易举的事。很多时候我们不创造信息，只是信息的利用者和传播工具。如何从庞杂的信息中提炼出我们确实需要的，吸收且为我所用，凝练出我们自己的思想，形成自己独立的思维体系，是我们需要去思考的事。大多数时候，我们不乐意特立独行，因为我们习惯了群居的生活，与别人相左的意见和立场有时会引来麻烦，索性把自己的话埋藏在心中，久而久之，竟然变得人云亦云。可人云亦云的人在工作中缺乏创意，在人际交往中没有乐趣，时间长了就成了一个“多余人”，没有人想成为多余人，如何摆脱这样的困境?

唯有思想独立。

思想的独立不是说些标新立异的机灵话，而是真正地对事物、生活有自己的理解；读的万卷书，行的万里路，都凝结成了经验，反哺给了认识。你不必非要和别人不一样，因为相似的经历与受教育程度，大家会有相仿的观点无可厚非，最重要的是，你得出的结论是经过你思考之后得出的，而非道听途说就为我所用。流言铺天盖地向你袭来，你要去分辨哪些是对的，哪些是错的；事如泰山压顶，你也要沉着面对，怎样做才是有益，怎样是不必要。自然馈赠给人最重要的财富是理智，你要学着去运用，才能更好地为人处世。

经济独立的意义就如它字面所说，指的是经济上的自我掌控。经济独立是独立的基石，在经济独立的情况下我们才能真正做到独立的生活，红尘之中，人多为名利熙攘，钱是人安身立命的资本。我们要用平和的眼光去对待金钱。金钱的本质是商品交换的媒介，金钱能带给我们所需的，相对而言，它也不是无所不能的。我们不必去崇拜金钱，不把自己变成金钱的走狗；也不必去贬低它，这是一种自欺欺人。拜金主义的核心不是崇拜金钱，应当是崇拜物质，更深一层来说，是屈从欲望。欲望不是一件坏事，不必羞于提起也不必嗤之以鼻，我们常谈的梦想其实也是欲望的一种，我们放逐的应当是过度的欲望——这也是经济独立是人独立的基石却仍不是独立含义第一位的原因——没有理性的约束，人容易成为过度欲望的奴隶，正确的生活方式就应当是思想的独立引领经济的独立，过度的欲望永远是悬在人头顶的达摩克利斯之剑。

行为能力的独立在于我们切实的“做”。如果说前两者还是抽象的名词，那这一条就是再现实不过的。人的本能驱使着人生存，理智才能主宰人的生活。作为一个拥有理智的人，所做的任何事都有其动机，在思想独立和经济独立的前提下，我们能做一些我们想做的事，这就是行为能力的独立。行为能力的独立同时也意味着要对自己的行为负责，有做事的权利也承担着负责的义务，两者结合才构成自由。如果你仅仅是做事，却不能自行负责，那你不算是一个真正独立的人，也就无从谈起自由。

当我明白长大的含义在于独立，叙述这个词时，我选择“强大”一词来修饰它。通过历史的学习，我们知道在远古时期，身体素质不占有优势的人类在大自然的生存可依靠的只有彼此，他们通过团结协作才能生存。每个人都是集体的构成部分，每个人又都离不开集体。人们在一起建造、耕作、抵御灾祸、繁衍生息，一代一代发展，形成了社会。人有趋利避害的本能，历史的遗留记忆告诉我们集体是安全的，因而在社会的每个角落，我们都能看见形形色色的团体。我们的民族是以团结闻名，并以此为荣；我们的文化中也有“独木难支”“家和万事兴”的俗语。集体在推动历史前进车轮中发挥的力量是不容置疑的，但作为个人，我们在融入集体的同时，也要学会努力不被“同化”。是的，没有人可以脱离集体、脱离社会而生存，但作为个人，你的自我开发中心应当是自己，把自己作为一个独立个体来俯瞰世界，世界是不同的。能清醒地认识到“自己”存在并且有意识独立的人，堪称强大的人。

智慧悟语

一个思想独立、经济独立、行为能力独立的人才是一个真正独立的人。只有一个人真正独立的时候，他才真正张开了看待世界的眼睛，才开始面对这个真正的世界，不论是寒霜还是夏夜，独立的人才能发现真正的美丽。

承认你的虚荣心

虚荣心，一提到它，人们最会往贬义的方向去想。但没有虚荣心何来上进心呢？虚荣心也要把握一个度。无论是工作还是生活就会有一个明确目标，也会努力去实现它。所以只要不过分，人总是该有点虚荣心的。

小时候，字写得好的同学经常会得到老师的表扬，所以我们会每天花很长一段时间去练习，只为让老师在全班四五十个同学的面前表扬自己。老师也经常会把作文写得好的同学的作文作为范本念给全班同学听。

我认识一个学姐，我和她从小学到高中都在同一个学校，只是现在她在中国人民大学，而我只在一个地方院校。从小学开始她一直是我们学校的传奇人物，也是我母亲经常用来教育我的例子。这个学姐小学三年级的时候，有一次她同桌的作文被老师当作范本念了。回家之后她就跟随她的母亲，去了图书室，她母亲是一个中学的图书管理员。她让母亲找资料给她，修改她的作文。从那一次之后，只要老师布置作文给同学们写，这位学姐的作文必然是第一个被老师当作范文念的。

想要得到老师的表扬和认可，这是学姐虚荣心的表现，正是由于这种虚荣心促进了学姐不服输的性格形成和不断优秀、不断前行的动力。如果没有当初那点小小的虚荣心，也许学姐也到不了她想去的大学。很多人都想要住豪宅，开豪车，过别人眼中很好的生活，都希望得到别人的尊敬。体面的人生和体面的生活，这些都可以说是虚荣心不断膨胀的结果。其实，虚荣心是我们不断努力的最根本的动力。

每一个女孩都想要漂亮的衣服、帅气的男朋友和质量可靠的化妆品。为了自己的外貌需要不断地学习化妆和穿衣搭配；为了自己的气质要不断地充实自己。有很多男生无法理解为什么女生会喜欢穿高跟鞋，高跟鞋甚至被称作“现代十大酷刑”之一。这么说来大家就很能理解穿高跟鞋的痛苦，但为什么它依然是女生的最爱呢？甚至就连男生也喜欢看穿高跟鞋的女生。因为高跟鞋不仅可以使女生看起来足够高挑，还能使女生更加有气质。我相信很多人都有过这样的感受，当你和一个比你矮很多的人走在一起的时候，你会觉得莫名的自信，做什么事都觉得很简单。这也是很多女生宁愿忍受脚趾变形的痛苦也要穿高跟鞋的原因。

每个人都有追求更好生活的权利，哪怕要付出很大的代价也乐在其中。这种追求更好生活的动力，也是一种虚荣心的表现。

埃娃·庇隆是阿根廷的一位传奇女性。她在这个世界上只存在了短短的33年，但她对阿根廷现代史的影响却远不止这么短的时间。她是阿根廷前总统的夫人。她是一朵在艰难生活中开出的绚丽花朵。

她的父亲是一位不负责任的移民，埃娃和她的兄弟姐妹属于没有身份的私生子，从小便受尽嘲讽。埃娃便是在不断地屈辱生活中逐渐长大的。苦涩的少年时代在小埃娃的心中留下了难以磨灭的痕迹，但也培养了她对穷苦人深刻的同情和对社会不公的憎恨。15岁时，由于不甘心接受无数她同龄的小姑娘似的命运，她毅然决然地离开她的家乡来到一个完全陌生的地方在巡回剧团里表演。在十年左右的闯荡时光里，她受尽了磨难。曾经她的母亲劝过她留在家里安安稳稳地过日子，但埃娃却不愿意，她是一个很要强的女孩子，她说过："即使自己要回去也不能作为一个失败者回去。"

就像中国的很多北漂的人一样，他们都希望自己能够衣锦还乡。这种心理就是虚荣心啊，如果没有这种虚荣心在作祟，你为什么一定要光鲜亮丽地回去？你不成功照样可以回去，因为那是你的家。但就是在这种心理的催促之下，埃娃不断地努力、努力，最后终于在阿根廷的广播界开始声名大噪。后来由于缘分吧，她遇上了阿根廷的总统庇隆，就是这种种的机缘巧合才使得她在阿根廷人民的心中留下了不可磨灭的记忆。

正是由于过怕了那种见不得光的生活，时时受到别人的欺辱，承受社会的不公平导致的种种结果，饱尝人间的寒冷，所以才想要过和以前不一样的生活，更希望能得到别人的尊重和爱护。因为虚荣，所以才不断地努力，希望自己变得更加的强大和有能力，终于得到了别人的尊重。

有很多人不知别人的艰辛，不了解别人的生活，就只会批判别人怎样怎样的虚荣。一个从来没坐过轿车的孩子，为了自己能坐上轿车，采取一些你看不惯的方式，你就说他虚荣。他不虚荣，只是因为从来没有拥有过而已。

其实很多时候我们做的事情都是由于虚荣心在作祟，只是你认为虚荣心可耻所以偏偏死鸭子嘴硬地不敢承认罢了。勇敢地承认又如何，你想要的都是自己努力争取而来的结果，靠自己实力吃饭为何要害怕呢？加油！为了遇见更完美的自己。

智慧悟语

每个好胜的人心里都有虚荣心在作祟，很多批评虚荣心的人是因为他没能到达别人的高度所以才会说虚荣心怎样的不好，和吃不到葡萄说葡萄酸是同一个原理。虚荣心可以帮助我们遇见更完美的自己，如果没有虚荣心，你不会发现自己原来还可以活得这么漂亮。

闲看远山日落日出

当太阳越过地平线冉冉升起的时候我们都知道是新一天的到来，日出带来了光明和希望。通常日落在人们的印象中都是代表着结束和垂暮之年。但你是否想过日落孕育的是下一次的日出和希望呢？我们认为不好的，它恰恰能够给我们更多的帮助。

成功不是偶然的，所有你认为很幸运的那些成功背后都是别人不断努力而千百次失败的结果，有时候获得成功的代价很小，但大多数的成功背后都付出了惨痛的代价。能够取得巨大成功的人，他的背后都有很精彩的故事。

我的生活说苦不算苦，但比较起来却不如别人的那样美好。小时候因为家庭条件不好，从上小学一年级开始，每天都要走上1万多米左右去上学。从6岁开始，早上5：30左右就要起床，走一个半小时左右才能到学校。也许是因为小时候每天走那么多路所以现在身体比起同龄人来要好很多，我甚至能够保持三年以上不生病。

有很多成功人士的童年都是在苦难中度过的。现在你所遭受的苦难，都是在修行，是在为你以后能够升上天堂做铺垫。“天将降大任于斯人也，必先苦其心志，劳其筋骨，饿其体肤，空乏其身，行拂乱其所为，所以动心忍性，增益其所不能。”用种种的困难来使其性情坚定，增长才干。我们所遭受的一切都是我们的经历，这些阅历能使我们走得更远。我们现在的经历，或者以前的经历、将来的经历都是我们的阅历，都会对我们的未来产生极大的帮助，成功从来就不是偶然的。

松下电器是日本乃至全球都出名的电器生产商。它的创始人松下幸之助被人们称为“经营之神”。他把他的产业从一个小小的电气器具制作所发展成为一个跨国大公司。这是极其厉害的。然而，这么具有传奇色彩的一个人，却只上到小学四年级就辍学了。为了生计，9岁的松下幸之助因为家庭的重担，不得不远走家乡，跟随邻居到一个自己完全陌生的地方去打工。松下到大阪先是在一家火盆店打工，在火盆店倒闭之后他来到一家自行车店当学徒。但由于年纪过小，老板都只让他干一些无关紧要的活。即便如此，松下仍一边打杂，一边留心学习，就这样不知不觉地度过了6年的时光。在自行车店里，松下学会了自行车店最重要的事情——推销自行车，这也是他悄悄地向师傅和老板学来的。一步步地摸爬滚打，在商海中一步步地探索出属于自己的一条独特的道路。

松下幸之助取得的成功，同他的成长经历是密不可分的，正因为早早地接触了社会，在社会中得到历练，才塑造出了自己独特的经营之道。从小尝到的劳作的艰辛和离家的孤独，使他不断地成长和强大。20世纪初，17岁的松下看到了电气的未来，毅然从自行车业中转到电气行业，但前路总不会这么一帆风顺，离开自行车店的松下，未能如愿到电灯公司上班而是先去了和电气行业毫无关联的水泥厂打零工，经历了3个月的重体力活的磨炼之后，松下终于到了电灯公司上班。在电灯公司，他发明了一种新型的灯头插座，但由于受到上司的否定，年轻的松下辞职了。正是这个决定，使他和几个同样年轻的伙伴开始了他们的创业之路。经过不断的失败和探索之后，松下电器终于成了跨国大公司。

那些我们认为是灾难的经历，往往能够给我们更大的动力。很多人因为阅历太少所以解决问题的能力和发现问题的敏锐力往往会比较弱。如果你的阅历足够丰富，那么你面对生活的窘境时就不会失去对生活的信心。生活有美好的一面，也有许多丑陋的瞬间，那些美好的瞬间让我们对这个世界充满着希望，但同时丑陋的事物也让我们对这个世界的认识更加的全面。那些不能使我们灭亡的必将使我们更加的强大。自杀率越来越高，对待生活的信心越来越薄弱，人们的心理素质越来越差，也可以说是抗打击力越来越弱。不能正确地对待生活的苦与甜，遭受一点点打击就觉得活不下去了，要是每个人都这么想，那世界人口哪来这么大的数量。

如果说人生过程像一幅画，那么这幅画就是由各种成功与失败作为色彩而绘制的。其间有山重水复，那是失败涂抹的阴霾；也有柳暗花明，那是成功描绘的彩虹。就好比一首旋律优美的歌曲，有你喜欢的高潮部分，也有你不认同的歌词，没有那些低沉的旋律又怎会发出高潮的呐喊呢？

我们不可能时时刻刻都生活在阳光灿烂的日子里，也有乌云密布、暴风骤雨的时刻。如果太阳每天都出现，那么酿就的就只会是灾难。随时要有雨水的出现我们的生存才得以继续。我们不可能每做一件事都是成功的，我们努力上千次，也许成功只会有一次，成功的喜悦很短暂，更多的是失败的苦涩。但正是有了失败的经验教训，我们才会取得最后的成功。失败孕育着成功，失败造就了成功，成功能够给人以巨大的喜悦。但为了成功，人们必须经受失败的痛苦和煎熬。通向成功的道路是崎岖陡峭的，唾手可得只能是痴心妄想。

智慧悟语

黑格尔说“存在即是合理”，不管成功或是失败，不管日出还是日落，不管失意还是得势。既然它出现了，我们就要正确对待我们的成功和失败。总结成功的经验，接受失败的惩罚，这样才能不断进步。

在自己身上找为什么

《孟子》中有一句话："行有不得，反求诸己。"这句话的解释是，当你事情做不成功，遇到挫折和困难，或者在人际关系处得不好时，就要自我反省，一切从自己身上找原因。

在大多数时候，当我们失败了或者犯错了，总会事先就想好一堆的借口。你参加会议迟到了，是因为堵车了，还是怪司机师傅开得太慢了？有些时候客观的因素我们无法避免。但大多数时候原因出在我们自己身上，我们是不是太拖沓导致出门太晚……

"历史总是惊人的相似"这句话是有很大道理的，那些能够取得重大成就的伟人，成功的经历总是相似的。他们在失败面前既没有怨天尤人，也没有放任自流，而是不断地从前面失败的经历中总结经验，为后面的成功奠定坚实的基础。

每一次重大赛事中，不只有观众和参赛选手，在台下看得更专注的是教练。每一位教练包括运动员，他们每次都会反反复复地观看他们参赛的录像带，不仅看自己的表现，还能找出自己的不足，从而进行纠正，避免下一次比赛中跌倒在同一个地方。从中学开始，有的甚至从小学就已经开始了，老师和家长都会让孩子准备一个错题本，把每一次做错的题在错题本上记下并改正过来注明自己为什么错。这样做的目的是防止再犯同样的错。

小A是一所普通的211大学的大三学生，他很想考一个985的大学，他想去看看重点大学的人生会是什么样子的。他给自己制定了一个很详细的计划表，这张表里的每一天都排得满满当当的，每个时间段应该做什么都很详细。他每天早上6点起床，在室友的鼾声中简简单单地洗漱完毕就向着每天的主战场——自习室、图书馆去了。背书，做题，自习室有了属于他的一张桌子，上面满满当当地堆满了他考研需要的书本。每天天不亮就出门，熄灯了回到寝室，简单洗漱之后再奋战两小时左右，每天基本上都要到凌晨1点左右才能睡觉，因为他必须完成自己的计划。整整十个月的时间，他推掉了室友聚会、朋友的邀约，几乎没了娱乐活动。终于在即将累趴下的时候，他得到了梦寐以求的学校的录取通知。小B也是这个宿舍的一个同学，当他看到小A这么努力，他也想要像小A一样去争取自己想去的学校。但没过两个星期他就放弃了，放弃的原因是他不能坚持早起，其实他的放弃早在意料之中。当你认真学习的时候最忌讳的便是思想随时开小差，可他总是在学习疲倦的时候，掏出手机玩两局游戏，还总给自己找一些冠冕堂皇的理由。

其实我们都知道，玩游戏的时候会分散你更多的注意力，而且更不容易让你的注意力集中到你的学习中。十个月的努力与十个月的散漫过后，小A去了心仪已久的大学，小B忙着到处投简历，找工作。但不是人家看不上他，就是他看不上人家。

别人开了挂的人生都是你不曾看到过的汗水浇灌出来的。你大多数时候看到的都是他的成就，却没看到别人努力的过程。你只看到了别人拿奖学金的数额，却没看到别人眼下浓浓的黑眼圈。当你的眼里流出羡慕的时候，你有扪心自问过没有，别人挑灯夜战的时候，你是在和周公畅谈，还是沉迷于小说、电视无法自拔呢?

318国道一直都是骑行者或者自驾游者最爱的线路，从平原跨越到几千米的雪山之上，从长江入海处延绵5000多千米最终到达中国的国境线上。这条路线从来不缺乏为之倾倒之人，但又有多少人能真正抵达尽头，看遍沿途景色?骑行一直是我的梦想，尤其是能沿着这条道路骑行，我想去看看布达拉宫，想在布达拉宫前等身长头，想在灯火阑珊的八廊街酒吧做一次美丽的情郎。可是从来就没有真正地实施过。每当网上爆出某某辞去了年薪多少的工作去了那儿，网络上关于此类的话题都会炒得很热。那是因为很多人的心里都有同样的向往，只不过他们从来没有付出过努力。所以当看到别人身心都在远行的时候，他们的关注度自然就上去了。大多数人只是心在远游，身体却像是长在了沙发上一样，就连出门走走都不愿意，然而他的心却不知道游荡到几千千米外的地方去了，甚至远游海外。

外面的世界确实充满着未知和挑战，但同时带给你的也是机遇和征服的成就感。

一个不爱学习的学生，即使师从名家也是不会变得好学的。以前我的中学老师最喜欢说的一句话是："一头牛，拉去北京回来还是一头牛。"这句话的意思也就是说：有很多东西是由本质决定的，客观的外部环境不会对我们的本质形成改变。你是一个整天吊儿郎当的人，即使换成著名的教育学者来也不一定能教好你，最主要的还是要你自己想学习。如果没有坚定的信仰，西藏的那些佛教徒就不会有令我们震撼的"等身长头"。

智慧悟语

大多数时候我们达不到预想的期望，都会先把罪过推到客观的环境中去，我们是自我意识的执行者，反思自己才能找出最好的解决方案和从中得到最大的益处。"一个人对自己的无知认识得越清楚，他的学问也就越大。"库萨的话，与你们共勉。

适合别人的，
不一定适合自己

“认识你自己。”这是从古希腊公元前4、前5世纪就镌刻于德尔斐神庙的铭句。历经千年风霜的洗礼，它依然闪烁着光芒。“认识你自己”给自己一个准确的定位，常常会使你事半功倍。

这个社会太过躁动不安，并且我们深陷其中，搞得自己精疲力竭。路上匆匆而过的路人，停下来时脑子里充斥着的是生活中各种各样的压力——买房，买车，就业。各种乱七八糟的事情包围着我们。越来越多的人不知道自己在干什么，更多的人越来越活得不像自己。

深入地审视自己是一个痛苦的过程。把自己比作一颗洋葱，一层层深入下去的时候，你会发现，你会流泪。你在找寻一条真正属于自己的路的时候，这是开始一种新的生活方式的过程，你会缺少一种安全感。对未知的前路恐惧，也许会让你迷茫，甚至放弃。但正如卢梭说：“忍耐总是痛苦的，但它的果实是甜蜜的。”

“我是谁？”

“我有什么？”

“我想要什么？”

“我能干好什么？”

“我和别人有什么不一样？”

“我要怎样努力得到我想要的？”

从这几个基本的问题出发，深入地去剖析自己。重新在自己原有的认识上构造一个全新的自己。想想是照以前的生活轨迹走下去还是另辟蹊径。重新认识一下自己，也许你会感到惊讶。你会发现自己原来如此优秀，瞬间会觉得自己完全可以改变世界。

每个公司都有不同的职位，从决策者到执行者，从设计人员、生产人员到销售人员，每个人都有合理的分工，各司其职才能让一个公司高效地运作。如果，一个工人说自己也能当总经理，它拥有的是生产一个产品的技术，而不是管理层面的知识，他总不能用生产产品的技术来管理一个公司吧。

每个人的客观条件不同，所成长的经历也不同，相应的能达成的目标也不同，所奋斗的方向和轨迹也是不同的。在网上看到一个段子，王思聪他爹可以给他5亿让他去投资，他赚了40亿，翻了8倍。而你爹只给你2块钱，你用这2块钱买一副手套，去了工地，搬一天的砖赚了200块。只用了一天的时间你就翻了100倍。2块和5亿，200块和40亿，这之间的差距很大，但如果给你5亿你确定你也能够像王思聪一样赚个40亿吗？大多数人有了5亿，绝对只顾着享受生活去了。你虽然没有如此腰缠万贯的财力，但你可以用200块钱再赚200块，再200块。

韩寒被评为“中国80后十大杰出代表人物”“时代周刊全球最具影响力100人”，荣登2011年第六届中国作家富豪榜。韩寒以作家身份出名，现在具有多重身份像赛车手、电影导演、歌手、杂志主编……他休学写作且取得了巨大成功，他痛批教育制度，他写博文针砭时弊，社会各界对他的评价有褒有贬，他始终我行我素，也可以说是率性而为。但他也以七门功课不及格出名。上初中的时候，都还是一个热血的愤青，韩寒对于教育制度的批评和他个人的经历，在当时就是我们的榜样，他的故事被当作励志故事感动着一批又一批青年。我当时也幻想着以后成为他那样的人。六七年过去了我还是我，我没有在高中的时候就退学，也没有参加过新概念作文大赛，也没有写出过类似《三重门》的作品，我始终没有成为一个知名作家或者一个赛车手。他的成就和经历让人羡慕，可我还是我，韩寒还是韩寒。

在追赶别人的路上，我们或羡慕或嫉妒他生活于大城市，有着体面的工作，开豪车住豪宅，会觉得有的人一生一帆风顺，但也许他也羡慕着你的简单和自由。有时候别人很容易就得到的东西于我们来说要花费很大的力气才能得到，但我们在得到的同时也收获了比别人更多的幸福和满足感。

西施因为生病，皱着眉头。因其本就生得貌美柔弱，美女轻轻皱着眉头会让大家觉得她有种柔弱的美。东施看见了也效仿西施皱起眉头，相反这只会让大家觉得她更丑。东施效颦惹得大家更加讨厌她。林黛玉葬花让人觉得凄美，觉得符合黛玉的气质，这是她会做出来的事情。但假若葬花的换作薛宝钗，会是一种怎样怪异的画面？这就不能被称为葬了。

人有一种病态的心理，总会觉得别人的东西要比自己的好吃，别人的书本要比自己的质量好……出现了越来越多的别人家的孩子、别人家的父母、别人家的女朋友。总之，就是别人的才是最好的，却不曾想想那些东西是不是适合自己。很多时候得到了反而觉得还不如原来的那个。

鹰击长空，鱼翔浅底。让鸟飞，让鱼游。自然中的万物因找对了位置才让生活变得井然有序且丰富多彩。

2016年的里约奥运会让我们认识了中国许许多多的优秀运动员，中国女排的胜利不仅仅让我们国家时隔12年重回世界之巅，也让我们认识了女排队的主力主攻手——朱婷。

日本媒体曾这样评论过她："对于中国女排新星、主攻手朱婷，日本球迷充满了羡慕嫉妒恨，朱婷确实是魔物啊，亚洲人终于有欧洲型的战士出来了，她强大得我都不知道怎么形容好了。"

一次次不知疲倦地起跳、扣杀，不分数断累积。终于，2016年8月，朱婷随中国女排获得里约奥运会女排冠军并且获得里约奥运会女排MVP称号；2016年10月，朱婷当选2016"中国90后十大影响力人物"。这个从河南农村走出来的高高大大的女孩，在排球里找到了她的准确位置。她不缺少权威认定，同行评价，依然如此强大。

认清你的现状，找准你的位置，尽情地去奋斗，去享受过程和结果要比你跟在别人的脚步后面走幸福得多。

让别人走在你的前面，当你看到一处令你惊异的风景的时候，你还来不及高兴就会想到这风景已经被走在你前面的人看到了，它也就不会带给你如初见般的惊艳了。也许你走在别人的脚印上，根本就看不到风景，看到的只是他留给你的背影。

智慧悟语

有的人喜欢大城市的热闹和繁华，而你却刚好喜欢在宁静优美的小村庄，种种花养养猫晒晒太阳，你也觉得很幸福、很满足。我们不必羡慕别人的，寻找适合你自己的，就是最好的，因为它无可替代。

我们现在所受的苦，都是为了结出最美丽的果

一辈子说长不长，说短也有几十年的时光，我们要想来到这个世界并不容易，从我们只是一个从受精卵开始就是在不断的竞争中才能来到这个世界，所以来都来了，即使生活真的不容易，但也就不能白白地浪费了，不是吗？将来的你一定会感谢今天拼命努力的自己。

每个人的生活都不容易，我们看到运动员站上领奖台，当国旗为他升起、国歌为他奏响的时候，大多数获奖者都会红了眼眶。他们的眼泪有获奖的激动，但更多时候是为自己的不容易而留下的泪。

2016年的巴西奥运会让我们认识了许许多多的运动员，但给我感动最深的是日本的乒乓球运动员福原爱和我们国家的运动员张继科。福原爱给我最深的印象是从网上爆出的视频，小小的人，连乒乓球桌都够不着，拿着大大的拍子，一边打球，一边哭。让我好笑的同时又觉得莫名的心疼。即使是输了，脸

上的泪珠还来不及擦去也要坚持打完比赛。正是这种不服输的精神，使福原爱在12岁的时候就进入了日本国家队，成为历史上年龄最小的日本国家队成员。其实很多时候，我们真的很绝望，很迷茫，不知道自己应该怎样走下去，躲起来哭一场之后，还不是得站起来继续生活。

“业精于勤，荒于嬉。”人人都有惰性，都喜欢安逸，但在享乐与美好之间，既然选择了后者，当然就应该全力以赴。这个过程其实异常艰难，从漫不经心到心无旁骛，需要不断地磨炼，以至于你足够强大。

张继科，是继刘国梁、孔令辉之后的中国男子乒乓球史上第3位大满贯选手。从小他的父亲就教他打乒乓球，10岁的时候就进入了专业的乒乓球队训练，大多数的孩子10岁的时候满脑子想着的是要买什么样的玩具和哪个动画片好看，他们还无法理解那种累到虚脱的感觉，他们不知道坚持是什么、努力是什么。

14岁的时候，张继科就获得了日本公开赛男子单打的冠军。15岁，进入国家队，获得世界青少年巡回赛男单冠军。

……

越来越多的荣誉加身，他收获的同时也失去了许多。

张继科父亲同时也是一名乒乓球运动员，所以在他5岁的时候就跟随他的父亲一起学习打乒乓球，无休止的训练充斥了他的整个童年时代和青年时期。同龄的其他孩子小时候的玩具是车、机器人，他的却是球拍和一个个鸡蛋大小的乒乓球。我们都会在张继科身上发现一个很特殊的地方，就是他的眼睛两边不一样大，据说是因为小时候他经常被他的父亲骂，然后总是用左手去擦眼泪，才导致左眼比右眼小，但到了10岁之后他就再没有哭过了。我们因为没有同样的经历所以无法完全理解他的生活，但从他的伤痛中我们可以想象他的努力与艰辛。作为一个运动员，他多次让五星红旗高高升起，他让国歌只为胜利者歌唱，让中国的国球地位更加坚固。那些曾经流过的汗与泪、跌倒的伤、过去受过的苦现，现在都不值一提了。

他的苦和痛浇灌出了一块块金牌，让他真正实现了自己的价值。那些曾经的苦就不是白受的。《不能承受的生命之轻》中有这样的话：“也许最沉重的负担同时也是一种生活最为充实的象征，负担越沉，我们的生活也就越贴近大地，越趋近真实和存在。”当我们没了追求，整天无所事事，漫无目的，或者是有目的有追求，但我们没有为之努力、没有去拼命的时候，我们会觉得遗憾。与其到最后感叹说“要是那时候我们多走一步、多看一点书、多做点卷子，现在就不会失败了”，倒不如现在就尽全力去拼一把，到最后哪怕失败了，也不会心有不甘，至少自己曾经拼命过。

一个人的阅历越丰富，他也就越成熟。我们曾经受的苦，现在提起来也觉得没有曾经的那么难熬，其实很多事并没有别人描述的那么苦，只有自己经历过才会知晓其中的苦与甜。大多数时候我们会很感谢能有那样的一段时光让我们成长。和别人不一样的经历，也收获了别样的精彩。温室里的花朵不堪一击，我们是生长在风雨中的野草，别人的脚从我们的身上踩过，见到露水的我们第二天照样直起了身体，开始新的一天。

青春是一个充满活力的时代，我们现在不吃的苦，都会留在以后来承受。我们无畏无惧，我们敢于挑战，即使知道它会失败。我们的年纪还承受得起失败。所有的困难都是为了淘汰懦夫而准备的。虽然不至于到战场上真刀真枪的残酷，但至少要有背水一战的决心和果敢。

大海的深处生活着的蚌，在沙子进入它体内之后，必须经过不断的揉搓与碾压才能形成美丽的珍珠。蚌付出了自己的生命终于成就了珍珠的美丽，但蚌一辈子都无法等到最后去欣赏在它体内的这个美丽的结果。虽然最后它付出了巨大的代价，但它的结果却是无与伦比的美丽。

智慧悟语

尼采说：“我总在最绝望的深谷里看见最美的风景，凡不能将我摧毁的，都将使我变得更加坚强。”现在所受的苦，都将成为一段不凡的锻炼，成就未来坚强的自己。愿尼采的这句话同样带给你美丽的风景。

倾尽所能，静待花开

文字编辑：陆泽铭
美术编辑：罗筱筱
插图绘制：朝禾动漫
封面绘制：鹿　果
特邀审校：慧眼校对